Amine Mnif
Béchir Hamrouni

Couplage des procédés membranaires pour le dessalement des eaux

Amine Mnif
Béchir Hamrouni

Couplage des procédés membranaires pour le dessalement des eaux

Application à l'élimination du bore et du fluor

Presses Académiques Francophones

Impressum / Mentions légales
Bibliografische Information der Deutschen Nationalbibliothek: Die Deutsche Nationalbibliothek verzeichnet diese Publikation in der Deutschen Nationalbibliografie; detaillierte bibliografische Daten sind im Internet über http://dnb.d-nb.de abrufbar.
Alle in diesem Buch genannten Marken und Produktnamen unterliegen warenzeichen-, marken- oder patentrechtlichem Schutz bzw. sind Warenzeichen oder eingetragene Warenzeichen der jeweiligen Inhaber. Die Wiedergabe von Marken, Produktnamen, Gebrauchsnamen, Handelsnamen, Warenbezeichnungen u.s.w. in diesem Werk berechtigt auch ohne besondere Kennzeichnung nicht zu der Annahme, dass solche Namen im Sinne der Warenzeichen- und Markenschutzgesetzgebung als frei zu betrachten wären und daher von jedermann benutzt werden dürften.

Information bibliographique publiée par la Deutsche Nationalbibliothek: La Deutsche Nationalbibliothek inscrit cette publication à la Deutsche Nationalbibliografie; des données bibliographiques détaillées sont disponibles sur internet à l'adresse http://dnb.d-nb.de.
Toutes marques et noms de produits mentionnés dans ce livre demeurent sous la protection des marques, des marques déposées et des brevets, et sont des marques ou des marques déposées de leurs détenteurs respectifs. L'utilisation des marques, noms de produits, noms communs, noms commerciaux, descriptions de produits, etc, même sans qu'ils soient mentionnés de façon particulière dans ce livre ne signifie en aucune façon que ces noms peuvent être utilisés sans restriction à l'égard de la législation pour la protection des marques et des marques déposées et pourraient donc être utilisés par quiconque.

Coverbild / Photo de couverture: www.ingimage.com

Verlag / Editeur:
Presses Académiques Francophones
ist ein Imprint der / est une marque déposée de
OmniScriptum GmbH & Co. KG
Heinrich-Böcking-Str. 6-8, 66121 Saarbrücken, Deutschland / Allemagne
Email: info@presses-academiques.com

Herstellung: siehe letzte Seite /
Impression: voir la dernière page
ISBN: 978-3-8381-4262-3

Copyright / Droit d'auteur © 2014 OmniScriptum GmbH & Co. KG
Alle Rechte vorbehalten. / Tous droits réservés. Saarbrücken 2014

A mon très cher père

Je ne trouverai de mots assez forts pour vous exprimer mon affection, mon estime et mon dévouement pour votre patience, votre compréhension, vos innombrables encouragements et tous les sacrifices que vous avez consentis pour mon éducation et mon bien-être. Aucun mot ni expression ne suffirait pour vous remercier et traduire mes profonds sentiments d'amour et de respect. Puisses tu, cher papa, trouver dans ce modeste travail le fruit de tous tes efforts et sacrifices.

Puisse dieu vous accorder une bonne santé et une longue vie.

A la plus douce des mères

Aucune dédicace ne saurait être assez éloquente pour exprimer ce que tu mérites pour tous les sacrifices que tu n'as cessé de me donner depuis ma naissance, durant mon enfance et même à l'âge adulte. Tu as fait plus qu'une mère puisse faire, pour que ses enfants suivent le bon chemin dans leur vie et leurs études. Je te dédie ce travail en témoignage de mon profond amour.

Puisse Dieu, le tout puissant, te préserver et t'accorder santé, longue vie et bonheur.

A mes très chers frères Chokri et Slim

Aucun mot ne saura exprimer tout l'amour que j'ai pour vous. Vous êtes les frères idéals pour moi, vous avez énormément de qualités que je ne pourrais tous les citer. Même si la distance nous a séparés, vous étiez et vous resterez toujours dans mon cœur.

Que dieu vous garde, et vous procure santé, bonheur et longue vie.

A mes belles sœurs et mes petites nièces fatma Ezzahra et Sirine

Qu'elles trouvent, à travers ces lignes l'expression de mon amour et ma grande affection

A tous les membres de la famille,

Qu'ils trouvent dans ce travail l'expression de mes remerciements les plus sincères.

Aux plus fidèles des amis

Pour les années qu'on a passées ensemble
En expression de mon amitié sincère et durable

A tous ceux dont l'oubli du nom n'est pas celui du cœur

Remerciements

Le présent travail a été initié au sein du "Laboratoire Eau et Technologies Membranaires", dirigé par le professeur **Mahmoud DHAHBI**, nous tenons à lui exprimer nos respectueuses reconnaissances pour la confiance et le soutien qu'il n'a cessé de manifester.

Le professeur **Béchir HAMROUNI** a été un directeur de thèse d'une grande écoute et d'une grande vigilance. Je le remercie pour m'avoir transmis son éternel enthousiasme et ainsi m'avoir donné envie de continuer dans la recherche. Je tiens à lui exprimer ma profonde reconnaissance pour la confiance qu'il n'a cessé de manifester. J'ai pu à tout moment bénéficier de son encouragement, de sa vaste expérience et apprécier ses conseils judicieux. Sa bonne humeur ne l'a jamais quitté.

Monsieur **Med Kadri YOUNES**, professeur à la Faculté des Sciences de Tunis, m'a fait un grand honneur de présider le jury de cette thèse. Qu'il veuille trouver ici ma gratitude et mes sentiments de respect.

Je souhaite remercier Madame **Raja BEN AMAR**, professeur à la Faculté des Sciences de Sfax, d'avoir accepté d'être rapporteur de cette thèse et d'avoir formulé des remarques très judicieuses et constructives.

Je remercie aussi Monsieur **Amor HAFIANE**, professeur au Centre de Recherche et des Technologies de l'Eau (CRTE), pour l'honneur qu'il me fait en acceptant de juger cette thèse.

Que Monsieur **Mahmoud DHAHBI**, Professeur au Centre de Recherche et des Technologies de l'Eau (CRTE), veuille trouver ici l'expression de mes vifs remerciements pour avoir accepter de corriger et juger ce travail.

Je tiens à remercier en particulier Mademoiselle **Lilia BOULIFI** pour son aide, sa serviabilité et son soutien amical. Le sourire en plus, elle a toujours répondu à mes sollicitations.

Je suis reconnaissant envers Monsieur **Mourad BEN SIK ALI**, pour l'aide qu'il m'a apportée, ses encouragements et sa disponibilité durant le déroulement de ce travail.

Qu'il me soit permis de remercier toute l'équipe du laboratoire Eau et Technologies Membranaires (LETM) en particulier, **Wided, , Hassen, Ikhlass, wafa, Mohamed Ali, Imen, Nawal, Meral, Dorra Khawla** et **Jamel**…et tous ceux et celles que j'oublie, pour leur bonne humeur et l'esprit d'équipe et de coopération qu'ils n'ont cessé de manifester à mon égard durant ce travail.

Je ne saurais également oublier de remercier toute l'équipe du laboratoire Eau et Technologies Membranaires du technopôle Borj Cédria.

Je tiens aussi à exprimer ma profonde reconnaissance d'amitié à mes amis **Héla KAROUI, Faten BOUJELBANE, cheima FeRSI, Meral MOUELHI , Halim HAMMI** et **Rafik TAYEB**.

Table des matières

Introduction Générale 1

Chapitre I
Etude Bibliographique

I-1. Les procédés membranaires……………………………………….... 3
    I. 1. 1. Généralités……………………………………………………... 3
    I. 1. 2. Les membranes…………………………………………………4
        I. 1. 2. 1. Définition d'une membrane 4
        I. 1. 2. 2. Structure des membranes 5
        I. 1. 2. 3. Les différents types de membrane 7
        I. 1. 2. 4. Géométrie des membranes. 10
    I. 1. 3. Mode d'écoulement à travers une membrane………………... 13
        I. 1. 3. 1. Écoulement frontal 14
        I. 1. 3. 2. Écoulement tangentiel 14
    I. 1. 4. Caractéristiques des membranes………………………………. 15
        I. 1. 4. 1. Sélectivité d'une membrane 15
        I. 1. 4. 2. Perméabilité d'une membrane 16

I. 2. Classification des procédés membranaires 17
    I. 2. 1. La microfiltration 19
    I. 2. 2. L'ultrafiltration 20
    I. 2. 3. L'Osmose Inverse 21
        I. 2. 3. 1. Principe de l'osmose Inverse 21
        I. 2. 3. 2. Mécanisme de transfert en Osmose Inverse 24
    I. 2. 4. La Nanofiltration 30
        I. 2. 4. 1. Introduction 30
        I. 2. 4. 2. Mécanismes de transfert 32

I. 3. Mécanismes intervenant sur les transferts en séparation membranaire . 32
    I. 3. 1. Effets stériques 32
        I. 3. 1. 1. Etat physique de la membrane 32
        I. 3. 1. 2. Taille de la molécule 33
    I. 3. 2. Interactions électrostatiques 34
        I. 3. 2. 1. Les forces diélectriques 34
        I. 3. 2. 2. Les forces électrostatiques 35
        I. 3. 2. 3. Les forces d'hydratation 35
    I. 3. 3. Effet Donnan 36

I. 4. Domaine d'application des procédés membranaires 36
    I.4.1. Traitement de l'eau 37
    I. 4. 2. Traitement d'effluent 38

I. 5. Polarisation de la concentration et colmatages des membranes 38
    I. 5. 1. Polarisation de la concentration 38
    I. 5. 2. Colmatages des membranes 41
        I. 5. 2. 1. Principe du colmatage 41
        I. 5. 2. 2. Facteurs influençant le colmatage des membranes 42
        I. 5. 2. 3. Prévention du colmatage 44

Chapitre II
Matériels et Techniques Analytiques

II. 1. Dispositif expérimental 46

II. 2. Techniques analytiques 54
    II. 2. 1. Mesure de la conductivité 54
    II. 2. 2. Analyse par chromatographie ionique 55
        II. 2. 2. 1. Principe de la chromatographie ionique 56
        II. 2. 2. 2. Appareillage 57
        II. 2. 2. 3. Validation de la méthode d'analyse par chromatographie ionique :
        Dosage des anions 58

II. 2. 2. 4. Validation de la méthode d'analyse par chromatographie ionique : Dosage des cations 68
II. 2. 3. Dosage du bore 73
    II. 2. 3. 1. Choix de la méthode 73
    II. 2. 3. 2. Méthode à l'azométhine H par spectrophotométrie d'absorption moléculaire 75
    II. 2. 3. 3. Essais de dosage 76

Chapitre III
Couplage des procédés d'OI et de NF

III. 1. Introduction 78
III. 2. Caractérisation des deux membranes utilisées 79
    III. 2. 1. Détermination de la perméabilité à l'eau 80
    III. 2. 2. Détermination de la charge des membranes 83
    III. 2. 3. Caractérisation structurale 87
        III. 2. 3. 1. Principe de la microscopie à force atomique (AFM) 87
        III. 2. 3. 2. Résultats 88
    III. 2. 4. Etudes des paramètres de transferts des membranes AG et HL 89
III. 3. Application au dessalement des eaux saumâtres 95
    III. 3. 1. Influence de la pression transmembranaire 96
        III. 3. 1. 1. Sur le flux de perméat 96
        III. 3. 1. 2. Sur le taux de rétention 97
    III. 3. 2. Influence du taux de conversion 101
III. 4. Couplage des procédés membranaires 106
    III. 4. 1. Introduction 106
    III. 4. 2. Couplage OI/NF 108
        III. 4. 2. 1. Couplage parallèle OI/NF avec re-circulation 108
        III. 4. 2. 1. Couplage série OI/NF 113

Chapitre IV
Etude de l'élimination du bore et du fluor par OI et NF

- IV. 1. Introduction 118
- IV. 2. Etude de l'élimination du bore 118
  - IV. 2. 1. Généralités 118
  - IV. 2. 2. Problèmes posés par le bore 119
  - IV. 2. 3. Chimie du bore 120
    - IV. 2. 3. 1. Structure 120
    - IV. 2. 3. 2. Propriétés 121
    - IV. 2. 3. 3. Dérivés du bore 121
  - IV. 2. 4. Les procédés d'élimination du bore 122
  - IV. 2. 5. Rétention du bore par les procédés membranaires 123
    - IV. 2. 5. 1. Effet du pH de la solution d'alimentation 123
    - IV. 2. 5. 2. Effet de la concentration initiale en bore sur la rétention 125
    - IV. 2. 5. 3. Effet de la force ionique sur la rétention du bore 127
    - IV. 2. 5. 4. Effet des autres ions en solution sur la rétention du bore 128
    - IV. 2. 5. 5. Effet de la pression d'alimentation sur la rétention du bore 129
    - IV. 2. 5. 6. Effet du taux de conversion 130
    - IV. 2. 5. 7. Application du couplage parallèle OI/NF avec recirculation à la rétention du bore 131
  - IV. 2. 6. Conclusion 133
- IV. 3. Etude de l'élimination du fluor 134
  - IV. 3. 1. Généralités 134
  - IV. 3. 2. Problèmes posés par le fluor 135
  - IV. 3. 3. Chimie du fluor 138
    - IV. 3. 3. 1. Propriétés physiques 138
    - IV. 3. 3. 2. Propriétés chimiques 138
    - IV. 3. 3. 3. Composé du fluor et leur utilisation 139
    - IV. 3. 3. 4. Chimie du fluor dans les eaux 140
  - IV. 3. 4. Procédé d'élimination du fluor 141

IV. 3. 5. Rétention du fluor par les procédés membranaires 141

        IV. 3. 5. 1. Effet de la concentration initiale sur la rétention du fluor 141

        IV. 3. 5. 2. Effet de la pression sur la rétention du fluor 144

        IV. 3. 5. 3. Comparaison de la rétention des ions fluorure avec

                d'autres anions 146

IV. 3. 6. Conclusion 149

Conclusion générale 150
Liste des tableaux 153
Liste des figures 155
Références Bibliographiques 160

Introduction générale

La quantité d'eau sur terre est supérieure à 1 milliard de Km^3 et correspond à une couverture de 70% de la surface du globe, alors que la consommation mondiale ne dépasse pas 1500 Km^3/an. A première vue, cette différence considérable devrait plutôt être rassurante. Mais 97,5% de cette eau est saline ou saumâtre donc impropre à la consommation. De plus, sur les 2,5% restant, 70% sont sous forme de glace. Une autre grande partie se trouve dans l'humidité du sol et dans les nappes profondes. En conséquence, la fraction d'eau douce effectivement disponible pour une utilisation directe ne dépasse pas 0,007%, soit environ 70000 km^3. Cette fraction est distribuée de façon très hétérogène sur la surface du globe.

Conjugué à la croissance démographique et au développement industriel, cela a induit un déficit important en eau potable dans plusieurs régions du monde. Aujourd'hui 80 pays, dont la Tunisie, avec 40% de la population mondiale sont déjà en situation de pénurie d'eau.

Les ressources en eau sont non seulement rares et inégalement réparties, elles sont surtout très fragiles et fortement menacées, car soumises à la sur-exploitation, la pollution, le changement de climat et à l'aménagement arbitraire des territoires.

Si rien n'est rapidement fait, à l'horizon 2020-2030, environ deux tiers de la population mondiale souffriront alors d'une pénurie d'eau potable et/ou d'eau pour irrigation.

Pour faire face à cette demande, le dessalement de l'eau de mer et des eaux saumâtres est une solution attrayante et durable, et ce pour plusieurs raisons:
- ✓ L'immensité des réserves d'eaux salées disponibles,
- ✓ La chute notable du coût de dessalement,
- ✓ Le fait que le dessalement apporte une solution dans les différents secteurs utilisant l'eau potable et/ou pure (industrie, agriculture, consommation domestique…)

Les procédés membranaires font partie des nouvelles technologies qui peuvent jouer un rôle important par rapport à la situation évoquée ci-dessus. Ces procédés peuvent être utilisés pour le traitement des eaux usées et pour la production de l'eau potable. Les procédés membranaires ouvrent des nouvelles possibilités dans l'exploitation de sources d'eau, notamment les océans, qui étaient difficilement utilisables auparavant pour des raisons techniques ou économiques.

Les procédés de séparation membranaire peuvent servir à produire de l'eau potable à partir de l'eau de surface puisqu'ils permettent d'enlever les particules inertes en suspension, les colloïdes organiques et les micro-organismes pathogènes. Ces procédés comme l'osmose inverse

(OI), la nanofiltration (NF) et l'ultrafiltration (UF) sont considérés comme des procédés à impact environnemental positif, sans changement de phases et peu consommateurs d'énergie.

Toutefois, l'application des procédés membranaires rencontre des difficultés dues aux formations de couche de polarisation et de sous produits générant une prolifération bactérienne et colmatage. Le colmatage des membranes présente le problème le plus aigu de la filtration membranaire. Le colmatage réduit la productivité des membranes et donc concourt à augmenter les dépenses d'énergie, à accroître la fréquence des lavages et à réduire éventuellement la durée de vie des membranes. Dans le présent travail nous nous sommes intéressés à l'étude des procédés d'OI et de NF et de leur couplage pour le dessalement des eaux saumâtres. Les deux procédés sont appliqués à l'élimination du bore et du fluor.

Le premier chapitre est consacré à des généralités concernant les membranes (définition, classification et caractéristiques), leurs applications et leurs principes de mise en œuvre. Un intérêt particulier est accordé aux procédés d'osmose inverse, de nanofiltration ainsi qu'à leurs applications dans le dessalement des eaux saumâtres.

La première partie du deuxième chapitre décrit la conception et la réalisation d'un pilote de dessalement. La deuxième partie donne la description des différentes techniques analytiques utilisées et les méthodes de dosage du bore dans l'eau ainsi que le matériel utilisé.

Le troisième chapitre s'intéresse à la caractérisation des membranes de nanofiltration et d'osmose inverse utilisées et à l'évaluation des paramètres de fonctionnement du pilote. Les couplages de ces deux procédés utilisés ainsi que leurs performances sont étudiés.

Le quatrième chapitre est consacré à l'étude de la rétention par nanofiltration et par osmose inverse de deux micropolluants inorganiques qui sont le bore et le fluor. Dans cette partie les effets des paramètres chimiques (pH, force ionique et concentration) et physiques (pression et taux de conversion) sont étudiés..

I. 1. Les procédés membranaires

I. 1. 1. Généralités

Les procédés à membranes sont utilisés pour séparer et surtout concentrer des molécules ou des espèces ioniques en solution et/ou pour séparer des particules ou des microorganismes en suspension dans un liquide [1, 2]. Ces procédés sont basés sur l'utilisation d'une membrane sélective, qui lorsqu'elle est traversée par une eau saline, laisse passer l'eau et rejette les sels.

La perm sélectivité des membranes a été découverte dès le XVIIIe siècle [3]. Cependant le développement industriel des techniques à membranes ne date que des années 1960 pour les dialyses et 1970 pour les techniques de solvo-transferts [3]. On désigne par dialyse, l'opération consistant à faire traverser des membranes par un liquide, par diffusion afin d'en séparer les constituants. L'opération de solvo-transfert consiste, en revanche à faire traverser des membranes semi-perméables par un liquide, par convection forcée, afin d'épurer le solvant [3].

Ce sont les techniques de dialyse qui ont permis les premières d'effectuer des séparations de composés dissous. Il était alors judicieux de laisser passer à travers la membrane une faible quantité de solutés plutôt que la grosse masse du solvant. Cette approche a donné lieu au développement de :

- ⇨ L'hémodialyse qui désigne l'élimination des substances toxiques du sang à l'aide d'une membrane ;
- ⇨ L'électrodialyse qui consiste, en une séparation par membrane à l'aide d'une succession de membranes alternativement échangeuses d'anions et de cations, souvent utilisée pour le dessalement des eaux saumâtres.

Après l'apparition et le développement des membranes asymétriques, les techniques de solvo-transfert (osmose inverse, microfiltration/ultrafiltration, nanofiltration) ont pu se développer de manière plus rapide que les techniques de dialyse. Une membrane asymétrique est une succession de couches de matériaux (de même nature ou différents) associés, possédant une structure asymétrique : une couche fine (d'épaisseur environ 50 µm) supportée par une couche plus épaisse (>100 µm) [3].

La principale caractéristique des techniques de séparation membranaires est de mettre en œuvre des systèmes constitués essentiellement par :

- ⇨ le fluide à traiter (une solution à dépolluer, une eau à dessaler, ...) ;

⇨ le fluide traité ;
⇨ la membrane.

Actuellement, le traitement de l'eau est le domaine le plus important d'utilisation des procédés membranaires. La diminution des ressources en eau, la politique de réutilisation des eaux usées et une réglementation plus exigeante, tant sur la qualité de l'eau potable que pour les normes de rejet devenues plus restrictives, y entretient une croissance continue. Les membranes présentent l'avantage de fonctionner à basse température, ce qui évite tout changement d'état (ou dénaturation de corps dissous thermosensibles) et ne nécessitent qu'un faible encombrement. Les membranes permettent d'obtenir des eaux de qualités supérieures clarifiées et/ou stérilisées.

Vu leur vaste potentiel d'application dans les divers secteurs de l'industrie, ces techniques séparatives ont largement contribué à l'évolution des procédés réduisant à la fois, la consommation de matières premières, d'énergie et les rejets polluants. De plus, la création de matériaux membranaires nouveaux s'accompagne de coûts plus compétitifs de mise en œuvre vis-à-vis des procédés classiques de traitement.

La pression transmembranaire n'est pas la seule force motrice utilisée par les différents procédés. La dialyse (diffusion de solvant à travers une membrane neutre) utilise un gradient de concentration de soluté, l'électrodialyse (transport d'ions à travers une membrane ionique) un gradient de potentiel électrique et la distillation membranaire utilise un gradient de température.

En dépit des progrès réalisés dans le domaine, à moins de couplage avec d'autres techniques de prétraitement ; les débits de filtrat restent encore assez limités. Ce qui en constitue le principal inconvénient [4].

I. 1. 2. Les membranes

I. 1. 2. 1. Définition d'une membrane

Une membrane est une mince couche de matière permettant l'arrêt ou le passage sélectif de substances dissoutes ou non, sous l'action d'une force motrice de transfert. Cette force peut être générée par un gradient de pression, de concentration ou de potentiel électrique, de part et d'autre de la membrane. Les matériaux avec lesquels sont fabriquées les membranes peuvent être polymériques ou inorganiques. Dans le domaine de l'eau potable, pour des raisons pratiques et économiques, les matériaux employés sont essentiellement des polymères et la force motrice utilisée pour pousser l'eau à travers la membrane est principalement un gradient de pression

(Figure I-1). Les critères de séparation des particules, des molécules et/ou des ions peuvent être [5] :

- La dimension et la forme,
- La nature chimique,
- L'état physique,
- La charge électrique, etc.

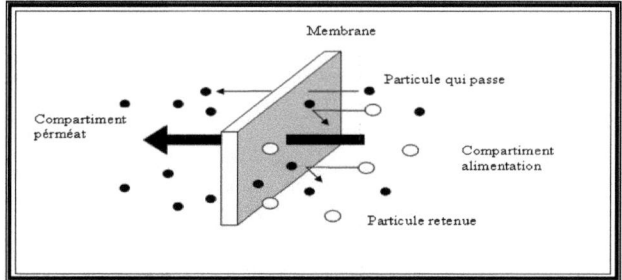

Figure I-1 : Membrane sélective [6].

I. 1. 2. 2. Structure des membranes

La structure des membranes peut être dense ou poreuse, symétrique, asymétrique ou composite.

> *Membranes symétriques poreuses* (Figure I-2)

On distingue :

- ❖ Les membranes macroporeuses qui possèdent des pores dont le diamètre est supérieur à 100 nm. Le mécanisme de transfert de matière sous l'effet de la pression est exclusivement convectif pour le solvant ; celui-ci n'entraîne avec lui que les espèces dont la taille est plus petite que celle des pores (effet tamis).
- ❖ Les membranes microporeuses et méso poreuses qui ont des pores de dimensions de l'ordre du nanomètre à quelques dizaines de nanomètres.

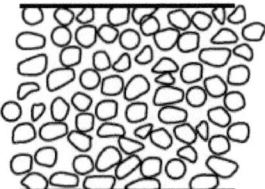

Figure I-2 : Schéma représentatif d'une membrane symétrique poreuse.

> *Membranes symétriques denses* (Figure I-3)

Lorsque les pores se réduisent aux espaces libres (quelques dixièmes de nanomètre) situés entre les chaînes de polymères, leur taille est voisine de celles des molécules organiques simples ou des ions hydratés. L'effet tamis devient négligeable. C'est la solubilité des solutés dans la membrane et leur diffusion qui règlent le transfert de matière.

Figure I-3 : Schéma représentatif d'une membrane symétrique dense.

> *Membranes asymétriques ou anisotropes* (Figure I-4)

Ce sont des membranes préparées en une seule étape à partir du même matériau généralement par séparation de phases à partir d'une solution homogène de polymère. La couche permsélective est une très fine pellicule (de l'ordre de 0,1 µm d'épaisseur) appelée « peau » qui repose sur un support beaucoup plus épais et poreux dont le rôle est d'assurer à l'ensemble une bonne tenue mécanique. La tenue mécanique peut encore être améliorée par l'incorporation d'un support textile. La peau peut être dense ou poreuse selon l'application envisagée.

Comme la résistance au transfert de matière est proportionnelle à l'épaisseur de la couche permsélective, ce type de membrane présente un intérêt évident dans tous les procédés de filtration ou de perméation (flux élevé).

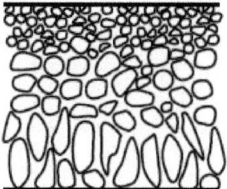

Figure I-4 : Schéma représentatif d'une membrane asymétrique.

➢ *Membranes composites* (Figure I-5)

Ce sont également des membranes à structure asymétrique qui se distinguent des précédentes par le fait qu'elles sont obtenues en déposant la peau sélective sur un support préexistant, lui-même le plus souvent asymétrique. La peau sélective est formée soit par enduction et évaporation d'un collodion, soit par polymérisation in situ. Les deux matériaux associés ne sont en général pas de même nature chimique [7, 8].

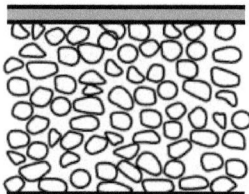

Figure I-5 : Schéma représentatif d'une membrane composite.

I. 1. 2. 3. Les différents types de membrane

a-/ Les membranes inorganiques

Les membranes à base de matériau inorganique (verre, métal, céramique) et surtout céramique connaissent un développement nouveau et important. Ceci est lié aux propriétés d'excellentes tenues mécanique, thermique, chimique, microbiologique, mais aussi à une utilisation facile (nettoyage et stérilisation) et une longue durée de vie.

Il est important de comprendre les exigences des matériaux membranaires céramiques en termes de structure poreuse (porosité ouverte et interconnectée), de composition chimique (inertie chimique et bonne tenue mécanique) et de facilité de mise en forme. Les membranes céramiques ont une structure asymétrique, souvent composite. Selon la loi de darcy, le flux J est directement proportionnel au rayon r des pores à la puissance 4, à la pression transmembranaire ΔP et au nombre n de pores par unité de surface, et inversement proportionnel à l'épaisseur.

$$J = \frac{nr^4}{e}\Delta P$$

A cause d'une faible épaisseur nécessaire (1 à 5 µm) et donc à la fragilité, la membrane céramique doit être supportée par un support macroporeux qui assure la résistance mécanique jusqu'à 60-80 bars. La configuration tubulaire (tube simple, multicanal) est la plus utilisée (90%) à coté de la forme plane (10%), cette forme tubulaire assure des conditions hydrodynamiques homogènes pour le fluide qui circule à l'intérieur. Une membrane céramique est donc constituée :

- ❖ d'un support macroporeux dont l'épaisseur varie de 0,2 à 2 mm : il assure la résistance mécanique de l'ensemble,
- ❖ d'une couche séparative qui assure la séparation proprement dite (e = 1 à 5 µm). Le diamètre des pores de cette dernière couche est choisi en fonction du domaine d'application.

Le support est constitué de matériaux choisis pour leur bonne résistance à la corrosion et leur facilité de frittage : carbone, alumine, silice, métaux frittés... Il est élaboré à partir de poudres de quelques microns de diamètre, par les méthodes classiques de l'industrie céramique (extrusion d'une pâte, séchage, frittage). Il présente une texture macroporeuse, très perméable (porosité de 30 à 40 %) et très solide, souvent constituée de plusieurs couches dont le diamètre de pores diminue de l'extérieur vers l'intérieur ; l'ensemble nécessite des températures de frittage voisines de 1200 à 1400°C.

La couche séparative ou membrane est réalisée différemment en déposant un film mince à la surface interne du tube. Son épaisseur est voisine de 1 à 5 µm et présente des diamètres de pores de 1 à 100 µm selon le domaine d'application [9, 10].

Les applications des membranes inorganiques est en pleine expansion : 10 à 12% du marché total des membranes. Le domaine de traitement des liquides par MF, UF, NF représente la plus grande partie de ce marché [11]. La séparation des gaz [12, 13], la catalyse [14, 15], l'environnement [16] et autres [17], sont des domaines potentiels pour un grand développement de ce type de membranes.

b-/ Les membranes organiques

Les membranes organiques étaient connues depuis fort longtemps. Mais il a fallu attendre les années 60 pour voir apparaître les premières membranes organiques industrielles. Il s'agissait des membranes hautement perméables dont la structure asymétrique permet d'obtenir à la fois une bonne sélectivité de séparation et une haute perméabilité aux solutés ioniques ou macromoléculaires. Le développement des applications des membranes est principalement dû à cette structure asymétrique, dans laquelle la partie sélective n'occupe qu'une très mince couche de surface, le reste étant un support poreux aux propriétés mécaniques appropriées.

b-1- Membrane en diacétate de cellulose

Les membranes en diacétate de cellulose qui sont les plus anciennes peuvent être considérées comme les membranes de la première génération mais elles sont encore utilisées. Ces membranes se caractérisent par une structure anisotrope ou asymétrique qui a été mise au point vers 1960 par Loeb et Sourirajan, à l'université de Californie.

Une telle membrane, examiné en section transversale au microscope électronique, est formée de deux couches superposées (Figure I-6) :

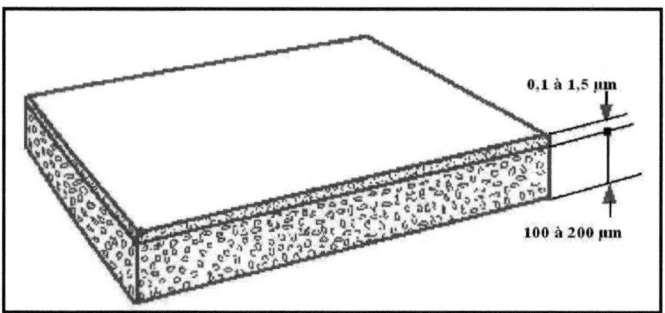

Figure I-6 : schéma d'une membrane anisotrope.

❖ une peau très fine (de 0,1 à 1,5 μm d'épaisseur) homogène et de structure extrêmement fine.

❖ Une sous couche de séparation de la membrane (perméabilité, sélectivité) dépendent uniquement de la structure de la peau. En particulier, la perméabilité d'une membrane étant inversement proportionnelle à son épaisseur, il est aisé de comprendre que ces membranes auront des débits élevés.

b-2-Membrane en polyamide

Compte tenu des inconvénients de l'acétate de cellulose, des membranes de type polyamide ont été développées, principalement pour les applications en osmose inverse. Elles ont été mises sur le marché vers 1970.

c-/ Les membranes hybrides (organique-inorganique)

Les matériaux constituant la membrane hybride modifiée par greffage de fonctions organiques, peuvent être considérés comme des polymères organiques-inorganiques. Les hétéropolysiloxanes (HPS) sont un bon exemple de tels matériaux avec des liaisons Si-O et Si-C conduisant à des hybrides. Les polyphosphazènes sont aussi à considérer comme des matériaux à squelette inorganique P-N modifié par des groupes organiques liés au phosphore.

Utilisés comme membranes, ces matériaux hybrides doivent être envisagés en termes de cristallinité, de rigidité, d'élasticité du réseau (et donc de volume libre), d'hydrophobie et d'hydrophilie des fonctions organiques, de la charge des sites et des constantes diélectriques du milieu (par l'introduction de groupes polaires). Selon le rapport « organique-inorganique », un comportement dépendant plus ou moins de l'un ou de l'autre caractère sera attendu. Ceci représente de grandes possibilités de construction (membrane denses ou micropreuses).

I. 1. 2. 4. Géométrie des membranes.

La géométrie des membranes dépend des modules qui les supportent. Les modules commercialisés sont :

➢ Les modules tubulaires (Figure I-7)

Un module tubulaire contient plusieurs tubes qui peuvent être en série ou en parallèle. L'eau à traiter circule à l'intérieur des tubes et le perméat est recueilli à l'extérieur des tubes. Les tubes constituent des canaux d'écoulement tangentiel. C'est le seul type de module qui peut être nettoyé mécaniquement avec un système de balles de mousse qui raclent des parois des tubes [18]. L'écoulement à l'intérieur des tubes est turbulent, voire très turbulent [19]. A cause de la taille des canaux tangentiels, cette configuration entraîne à priori une dépense d'énergie plus importante que dans les autres configurations.

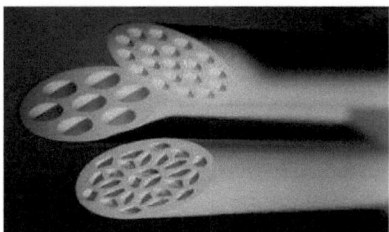

Figure I-7 : Modules tubulaires.

➢ Les modules à fibres creuses (Figure I-8)

Les fibres creuses sont assemblées en parallèle suivant deux configurations :

⇨ Configuration Int-Ext (schéma a) : comme c'est le cas pour les modules tubulaires, l'eau à traiter circule à l'intérieur des fibres et le perméat est récupéré à l'extérieur des fibres. Il y a écoulement tangentiel canalisé à l'intérieur des fibres ;

⇨ Configuration Ext-Int (schéma b et c) : l'eau circule à l'extérieur des fibres et le perméat est récupéré à l'intérieur des fibres. L'écoulement entre les fibres est libre.

Dans les deux cas, les membranes sont assemblées en faisceaux et leurs extrémités sont noyées dans des bouchons de colle qui isolent le perméat de l'eau à traiter [20]. Un module industriel peut être constitué de dizaines de milliers de fibres. Les fibres creuses supportent des rétrolavages. L'écoulement à l'intérieur des fibres creuses est, selon toutes probabilités, laminaire [19].

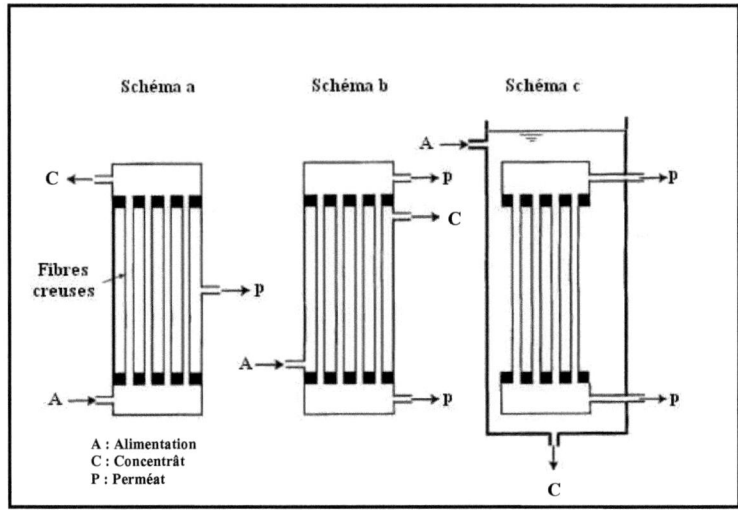

Figure I-8 : Modules à fibres creuses [18].

> Les modules plans :

Les modules plans sont les plus anciens : les membranes sont empilées en mille-feuilles séparées par des cadres intermédiaires qui assurent la circulation des fluides.

> Les modules spirales (Figure I-9)

Au sein des modules spirales, une membrane plane est enroulée sur elle – même autour d'un tube poreux qui recueille le filtrat. On obtient ainsi un cylindre multi-couches où le perméat s'écoule selon un chemin spiralé vers le tube poreux tandis que l'alimentation circule axialement dans les canaux.

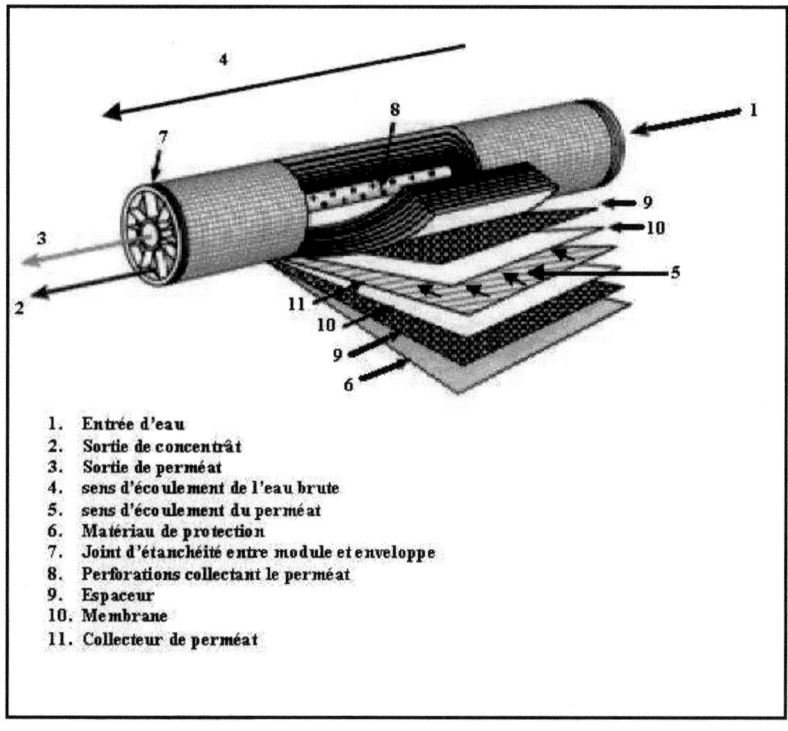

1. Entrée d'eau
2. Sortie de concentrât
3. Sortie de perméat
4. sens d'écoulement de l'eau brute
5. sens d'écoulement du perméat
6. Matériau de protection
7. Joint d'étanchéité entre module et enveloppe
8. Perforations collectant le perméat
9. Espaceur
10. Membrane
11. Collecteur de perméat

Figure I-9 : Structure interne d'une membrane à spirale [21].

I. 1. 3. Mode d'écoulement à travers une membrane

Les opérations de filtration sur membrane sont de type frontal ou tangentiel suivant l'orientation des flux de filtrat par rapport à celui de la solution à traiter et le mode d'évacuation du retentât.

I. 1. 3. 1. Écoulement frontal

En écoulement frontal, l'écoulement se fait dans une seule direction soit perpendiculairement à la surface de la membrane.

Ce type de mise en oeuvre est souvent utilisé pour des essais à l'échelle de laboratoire, dans des cellules de filtration, ayant un volume de moins de quelques litres (Figure I-10). Le principal avantage de cette façon de tester les membranes est sa simplicité [22]. En effet, il n'est pas utile de recirculer la solution à filtrer, et donc il n'y a pas besoin de pompe de recirculation ce qui simplifie énormément le montage expérimental. Une source de pression statique (bonbonne de gaz inerte) peut assurer la force motrice nécessaire à la filtration.

L'écoulement frontal est utilisé à l'échelle industrielle aussi, mais dans une proportion beaucoup moins élevée que l'écoulement tangentiel. Les principaux systèmes à membranes qui l'utilisent sont les systèmes à fibres creuses.

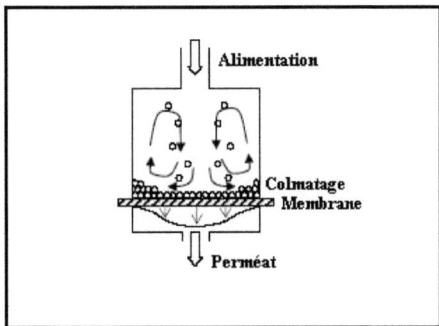

Figure I-10 : Filtration Frontale [22].

En filtration frontale, le courant à travers la membrane entraîne toutes les espèces dissoutes ou en suspension vers la surface de la membrane. Les espèces retenues par la membrane s'y accumulent très rapidement et entraînent la formation d'un dépôt dont la hauteur croit avec le temps, ce qui provoque le colmatage de la membrane et par suite une diminution du débit de perméat.

I. 1. 3. 2. Écoulement tangentiel

Dans ce mode de mise en oeuvre, il y a deux écoulements : un écoulement à travers la membrane qui est perpendiculaire à la surface de la membrane comme en écoulement frontal et un écoulement tangentiel à la surface de la membrane (Figure I-11). Dans ce mode de mise en oeuvre, il y a donc nécessairement une entrée (l'alimentation) et deux sorties (le perméat et le courant qui correspond à l'eau qui n'est pas passée à travers la membrane et qui est appelé concentrât ou retentât).

Le principal avantage de l'écoulement tangentiel, par rapport à l'écoulement frontal, est le fait que le mouvement tangentiel de l'alimentation balaie la surface de la membrane. Ce balayage accélère la remise en suspension des particules déposées ou accumulées à proximité de la membrane. La vitesse de circulation de la solution induit une contrainte de cisaillement à la surface qui tend à entrainer les particules dans le flux tangentiel et limite ainsi la formation du dépôt ; le débit de perméat tendant à rester élevé et stable.

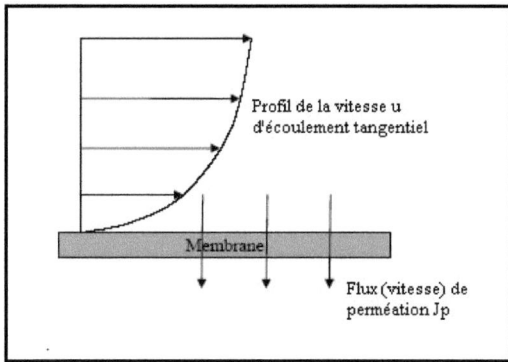

Figure I-11 : Écoulement tangentiel.

I. 1. 4. Caractéristiques des membranes

I. 1. 4. 1. Sélectivité d'une membrane

La sélectivité d'une membrane, pour une substance donnée, dépend de sa nature, de sa structure, de l'environnement chimique à proximité de la membrane et des propriétés de la substance à séparer [23,24]. La sélectivité s'exprime par un taux de rétention (R) ou par un facteur de sélectivité

$$R = 1 - \frac{C_P}{C_A} \qquad (1)$$

Avec : C_P et C_A les concentrations du soluté dans le perméat et dans la solution d'alimentation (ou solution initiale) respectivement.

Il y a deux valeurs particulières du R (valeurs exprimées en pourcentages) :
- R = 0% signifie que le soluté n'est pas du tout retenu par la membrane;
- R =100% signifie que le soluté est entièrement retenu par la membrane.

Une autre caractéristique très utilisée est le seuil de coupure (SC). Le SC d'une membrane est la masse molaire du plus petit composé modèle retenu à 90 % par la membrane [24].

Donc, plus le SC d'une membrane est faible et plus cette membrane peut retenir de petites molécules ou colloïdes. Le SC est mesuré en Da ou KDa (1 Da = 1 g.mol^{-1}) et il est relié principalement à la taille de pores de la membrane, mais il est beaucoup influencé par la forme de la molécule à filtrer, par sa charge, par son degré d'hydratation, le pH et le pouvoir ionique de la solution à filtrer, la pression d'opération et le flux de perméation, l'élasticité et la charge de la membrane. C'est pour ces raisons qu'il existe de grandes différences entre les SC rapportés par les compagnies manufacturières de membranes et ceux observés dans la pratique, étant donné que ces compagnies donnent rarement les conditions de la mesure du SC. De plus, les SC peuvent être qualifiés comme nominal, apparent, moyen ou encore absolu [25].

Même si le caractère du SC reste très relatif, ce paramètre est beaucoup utilisé dans la pratique car il permet de situer au moins grossièrement les membranes entre elles.

I. 1. 4. 2. Perméabilité d'une membrane

La perméabilité (A ou L_p) d'une membrane est une caractéristique intrinsèque de la membrane qui dépend de sa structure. De façon pratique, la perméabilité peut être définie comme étant le rapport entre le flux de perméat (J_P) et la pression transmembranaire effective (ΔP) :

$$A = \frac{J_P}{\Delta P} \quad (2)$$

Le flux de perméation (appelée aussi vitesse de perméation) est un débit de perméation unitaire, c'est-à-dire, le rapport entre le débit volumétrique de perméation (Q_P) et la surface effective de la membrane (S) :

$$J_p = \frac{Q_P}{S} \quad (3)$$

En remplaçant le flux de perméation J_p défini par l'équation 3, dans l'équation 2, on obtient :

$$A = \frac{Q_P}{S \Delta P} \qquad (4)$$

Le flux J_0 à l'eau pure est proportionnel à la pression transmembranaire ΔP conformément à la loi de Darcy:

$$J_0 = \frac{\Delta P}{\mu . R_m} = A \cdot \Delta P \qquad (5)$$

où R_m est la résistance intrinsèque de la membrane, μ la viscosité dynamique de l'eau et A la perméabilité hydraulique de la membrane.

En pratique, la perméabilité d'une membrane, est déterminée comme la pente de la droite J_P en fonction de ΔP.

Il faut mentionner qu'il existe des différences significatives de perméabilité entre divers coupons d'une même feuille de membrane à cause des irrégularités de fabrication. Pour cette raison, c'est la perméabilité moyenne qui est utilisée pour caractériser une membrane [25].

I. 2. Classification des procédés membranaires

Dans la littérature, les membranes sont généralement classées suivant trois paramètres: la taille nominale des pores, le seuil de coupure en terme de masse molaire, plus connu sous son appellation anglaise « Molecular Weight Cut Off » (MWCO), et la perméabilité à l'eau pure à 25°C. Les quatre principaux procédés utilisés dans le domaine de l'eau potable sont, en ordre décroissant de taille des pores de la membrane, la microfiltration (MF), l'ultrafiltration (UF), la nanofiltration (NF) et l'osmose inverse (OI).

La taille des pores d'une membrane peut varier de quelques microns dans le cas d'une membrane de MF à quelques Angstroms dans le cas d'une membrane d'OI. Toutefois, la notion de pore est difficile à définir à une échelle plus petite que le nanomètre. C'est pourquoi certains auteurs soutiennent qu'il existe des membranes effectuant une séparation poussée selon un mécanisme de solution-diffusion en relation avec la théorie du volume libre du transport des fluides dans les polymères [26]. L'eau n'est plus seulement poussée aux travers des pores de la membrane mais elle diffuse aussi au travers du matériau membranaire dont la structure polymérique change en fonction des énergies d'activation et donc de la température.

La sélectivité de ces membranes est étroitement liée à l'affinité chimique manifestée par le matériau membranaire vis-à-vis de chacun des constituants qui est transporté à travers la membrane [27].

La classification des membranes en fonction de leur seuil de coupure est très répandue dans le domaine commercial. Elle est toutefois plus ou moins rigoureuse car le taux de séparation d'une substance ne dépend pas que de sa masse molaire. Celui-ci dépend aussi des autres caractéristiques de la substance considérée et des conditions d'opération du procédé. La perméabilité à l'eau pure A d'une membrane est définie comme étant le débit d'eau passant à travers celle-ci ou débit de perméat Q_p par unité de surface S sous l'action d'une pression transmembranaire moyenne ΔP_m de 1 Pa. La pression transmembranaire moyenne est la différence de pression de part et d'autre de la membrane. On mesure la perméabilité d'une membrane en utilisant de l'eau déionisée.

La Figure I-12 présente une classification des procédés membranaires utilisés en production d'eau potable [18].

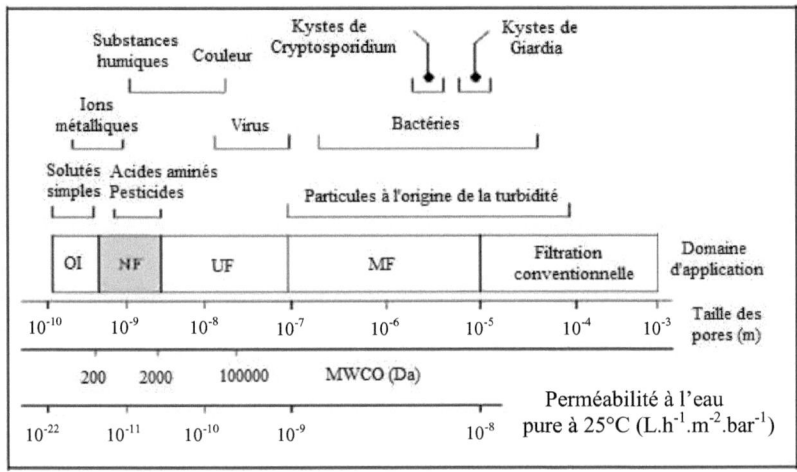

Figure I-12 : Classification des procédés membranaires.

Le tableau I-1 présente une comparaison entre les différentes techniques à membrane en fonction de quelques paramètres intervenant tels que le diamètre des pores des membranes, la pression osmotique et le débit spécifique.

Tableau I-1 : Comparaison des techniques séparatives à membrane [28].

	Osmose inverse	Nanofiltration	Ultrafiltration	Microfiltration
Diamètre des pores	< 0,5 nm	environ 1 nm	1 à 100 nm	0,1 - 10 µm
Rôle de la pression osmotique	Importante	Moyenne à faible	Très faible	Négligeable
Débits spécifiques	10 à 60 L.h^{-1}.m^{-2}	50 à 100 L.h^{-1}.m^{-2}	40 à 200 L.h^{-1}.m^{-2}	100 à 1500 L.h^{-1}.m^{-2}
Procédés concurrents	Evaporation Electrodialyse Echange d'ions	Echanges d'ions Chromatographie	Précipitation chimique Chromatographie sur gel Dialyse	Centrifugation Filtration sur diatomées Décantation

I. 2. 1. La microfiltration

La microfiltration (MF) consiste à éliminer d'un fluide les espèces dont les dimensions sont comprises entre 0,1 et 10 µm. Les espèces sont sous la forme de solutés ou de particules qui sont retenus à la surface de la membrane par effet d'exclusion. Les membranes les plus utilisées sont poreuses en polyamide ou polypropylène, ou encore inorganiques (en oxyde métallique ou céramique).

En flux frontal direct, la totalité du fluide est pompé à travers la membrane pendant que le retentât s'accumule à la surface formant un dépôt dont l'épaisseur dépend du temps de filtration. Quand le débit du filtrat n'atteint plus le débit nominal aux valeurs maximales de pression transmembranaire, le dépôt doit être retiré. Cela impose un travail en mode discontinu. Par contre, en flux tangentiel, la solution circulant parallèlement à la paroi à une vitesse de 0,5 à 5 m/s donnée par un système de pompes, cela limite la formation d'une couche obstruant les pores du simple fait du régime de l'écoulement; cela permet de travailler en continu. De plus, perméat et retentât peuvent être récupérés. La pression transmembranaire varie environ de 0,05 à 3 bars. La MF se prête non seulement à la séparation solide-liquide [29] mais aussi liquide-liquide des émulsions d'huile dans l'eau [30]. L'utilisation de la MF pour le traitement des effluents industriels a pour but de récupérer d'un côté les particules ou des macrosolutés et de restituer de l'autre un fluide propre. La démarche consiste soit à purifier un fluide, soit à recycler les solutés collectés. Dans les cas les plus favorables, les deux opérations peuvent être envisagées simultanément. A titre d'exemple, citons l'emploi d'une unité de MF destinée à retenir des agrégats de métaux contenu dans une eau de rinçage avant le rejet vers le milieu naturel [29]. Le perméat semble être conforme aux normes de pollution en vigueur; par contre, le retentât est une liqueur concentrée constituée d'un mélange de métaux lourds qui ne peut pas être réutilisé et présente une énorme charge toxique : seulement la moitié du problème est traité.

La MF sert aussi de prétraitement en industrie agro-alimentaire [31] en particulier en amont d'un autre procédé membranaire soit pour concentrer soit pour clarifier un lactosérum avant l'opération suivante [32]. Dans le cas où la MF a un rôle de clarification, le principal atout est la diminution du colmatage des membranes placées en aval dans le procédé [33]. Ceci est un exemple de complémentarité et confirme la nécessité d'associer plusieurs procédés pour obtenir l'épuration complète d'un effluent.

I. 2. 2. L'ultrafiltration

L'ultrafiltration (UF) repose, comme la microfiltration, sur un mécanisme de transfert de fluide à travers une membrane sous l'effet de la pression. L'UF est employée pour séparer les matières dissoutes. La différence avec la MF est due au plus faible diamètre de pores des membranes employées. La séparation est basée sur l'exclusion dimensionnelle, avec, en plus, l'intervention de la forme et de l'encombrement stérique du composé, dans la gamme de 0,002 à 0,1µm. Les membranes sont le plus fréquemment asymétriques poreuses pour permettre une adaptation facile des caractéristiques membranaires aux conditions physiques et chimiques souhaitées. L'UF fonctionne en mode tangentiel et des pressions modérées sont nécessaires pour assurer la perméation des fluides traités (de 1 à 5 bars environ). L'UF est habituellement utilisée dans les procédés de fractionnement, de concentration et de purification : le produit peut être le filtrat, le concentré ou même les deux. L'UF est utilisée par exemple pour éliminer les contaminants et recycler les eaux de procédé dans la fabrication de jus de fruits. Elle sert aussi à récupérer les enzymes dans la production de bière [31]. Citons son emploi dans l'industrie textile pour le recyclage des eaux de lavage [34] ou la récupération de tensioactif ou d'enduit pour les fibres [35]. L'UF est aussi employée pour réduire la toxicité des effluents dans les usines de blanchiment de pâte à papier [36] et même leur couleur. Une fois l'opération d'UF effectuée, avec des membranes au seuil de coupure adapté, un ou plusieurs composés de taille très proche sont séparés. Le retentât d'UF génère souvent des quantités importantes de boues pour lesquelles il faut trouver un mode de retraitement. Leur composition est souvent complexe, mal définie ce qui décourage toute valorisation. Tant que la mise en décharge est autorisée, elle est choisie dans la grande majorité des cas. A terme, et les recherches vont dans ce sens, l'UF s'appliquera sur de petites unités afin d'obtenir un recyclage avant le rejet et le mélange des effluents qui deviennent ensuite trop complexes. En réduisant la toxicité et le volume de l'effluent final, l'usage en boucle fermée du perméat et du concentré serait possible. Se dessine en fait l'emploi de l'UF comme un outil de prévention et, à défaut si la pollution existe, comme un moyen de tri des effluents afin d'envoyer des solutions moins chargées vers les stations classiques.

I. 2. 3. L'Osmose Inverse

Pontié et Bedioui [37] mentionnent que dès 1969, le Dr. Sourirajan présente l'OI comme un procédé industriel « en rupture technologique» avec les traitements de l'eau existants à l'époque, en particulier ceux destinés au dessalement de l'eau de mer. Les mêmes auteurs nous renseignent que le domaine de l'OI a été définit comme celui de la séparation des espèces dont la masse moléculaire est du même ordre de grandeur que celle du solvant (l'eau).

Les membranes d'OI sont celles qui ont les structures les plus denses de toutes les membranes utilisées actuellement dans le domaine de l'eau potable, avec des SC plus bas que 300 Da.

Ces membranes ont la capacité de retenir les ions monovalents, de très faible masse molaire (Na^+, Cl^-). Par conséquent, les pressions osmotiques, qui sont d'autant plus importante que la taille du soluté est faible, peuvent être très fortes si les concentrations en sels ou en molécules de faible masse moléculaire sont élevées. Cela implique que la pression d'opération, qui doit être plus élevée que la pression osmotique, peut être très élevée comme dans le cas du dessalement d'eau de mer (5 à 8 MPa).

I. 2. 3. 1. Principe de l'osmose Inverse

Pour comprendre le principe d'osmose inverse, il faut rappeler celui de l'osmose directe qui est un phénomène naturel de diffusion entre deux solutions de concentrations différentes à travers une membrane semi perméable faisant office de cloison de séparation [38].

Considérons un système à deux compartiments séparés par une membrane permsélective et contenant deux solutions de concentrations différentes. Le phénomène d'osmose va se traduire par un flux d'eau dirigé de la solution diluée vers la solution concentrée (Figure I-13) [38].

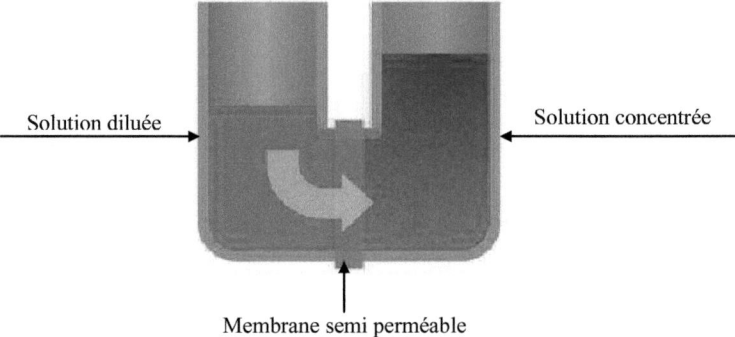

Figure I-13 : Osmose Directe.

Le passage de l'eau pure vers l'eau salée se traduit par une augmentation de pression dans ce dernier compartiment suite à cette élévation de pression, il arrive un moment où sa valeur va arrêter la diffusion de l'eau pure vers l'eau salée. Le système est alors en équilibre osmotique, caractériser par une pression osmotique (π) donnée [38].

Une augmentation de la pression au delà de la pression osmotique exercée sur le coté concentré va se traduire par un flux d'eau dirigé en sens inverse du flux osmotique précédent, c'est le phénomène d'osmose inverse (Figure I-14) [38].

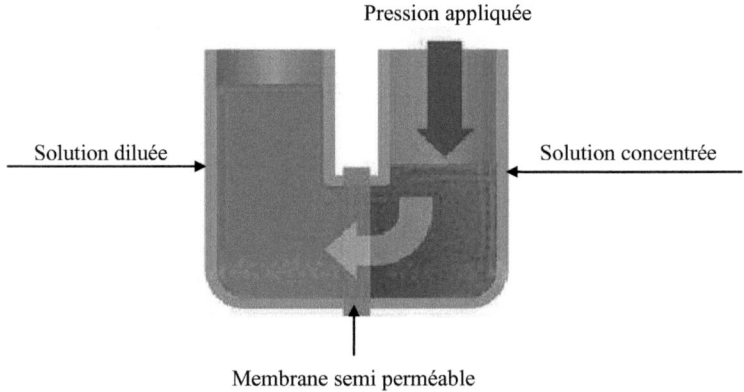

Figure I-14 : Osmose Inverse.

La pression (π) est donnée par la loi de Van't Hoff :

$$\pi = -\frac{RT}{V_1} \text{Ln } a$$

Où

    π : Pression osmotique (bar)
    V_1 : Volume molaire partiel du solvant (cm^3.mol^{-1})
    R : Constante des gaz parfaits (cm^3.bar.K^{-1}.mol^{-1})
    T : Température absolue (K)
    a : Activité du solvant.

Avec

$$a = \frac{P}{P^0}$$

Et

    P^0 : Tension de vapeur du solvant pur
    P : Tension de vapeur de la solution.

$$\pi = \frac{RT}{V_1} \text{Ln} \frac{P^0}{P}$$

Dans le cas des solutions diluées, l'activité du solvant 'a' peut être remplacée par sa fraction molaire X_1, d'où :

$$\pi = -\frac{RT}{V_1} \text{Ln } X_1 = -\frac{RT}{V_1} \text{Ln } (1-X_2)$$

Où X_2 est la fraction molaire du soluté. Le développement limité de l'équation Ln (1-X_2) permet d'écrire :

$$\text{Ln } (1-X_2) = -(X_2 + \frac{1}{2}X_2^2 + ...)$$

En négligeant les puissances supérieures ou égales à 2, on aura :

$$\pi = \frac{RT}{V_1} X_2 = \frac{RT}{V_1} \frac{N_2}{N_1}$$

Où

N_1 : Nombre de moles du solvant
N_2 : Nombre de moles du soluté

Le terme N_1V_1 représente le volume du solvant et peut être assimilé au volume de la solution V, d'où :

$$\pi = \frac{RT}{V} N_2$$

Alors que le terme N_2/V représente la concentration molaire du soluté (C), d'où :

$$\pi = C.R.T \qquad (6)$$

Cette loi est connue sous le nom de loi de Van't Hoff et peut être comparée à la loi des gaz parfaits. Elle n'est valable que pour les solutions diluées ; pour les solutions concentrées on doit introduire un facteur correctif Φ appelé coefficient osmotique.

$$\pi = \Phi.C.R.T \qquad (7)$$

I. 2. 3. 2. Mécanisme de transfert en Osmose Inverse

La compréhension fondamentale et quantitative des mécanismes de transfert des membranes d'osmose inverse est nécessaire à la sélection, au dimensionnement et au fonctionnement des systèmes industriels. Il existe de nombreux modèles tendant à expliquer et à décrire le transport de solvant (eau pure) et d'un soluté (sels) à travers une membrane semi-perméable.

➤ **Thermodynamique irréversible**

Les principes de la thermodynamique des processus irréversibles (TPI) ont été appliqués au procédé d'osmose inverse par Kedem et Katchalsky [39]. Le système est supposé proche de l'équilibre thermodynamique, par conséquent, les densités de flux de perméat J_P et de soluté J_S peuvent être décrites par des relations phénoménologiques linéaires, prenant en compte leur couplage [39].

Les expressions des flux de solvant et du soluté sont données par les relations (8) et (9).

$$J_V = L_P (\Delta P - \sigma \Delta \pi) \qquad (8)$$

$$J_S = P_S \Delta \pi + (1 - \sigma) J_V C_m \qquad (9)$$

Avec :

- J_V : Flux du solvant
- J_S : Flux de soluté
- ΔP : Pression transmembranaire
- $\Delta \pi$: Différence de pression osmotique de part et d'autre de la membrane
- L_p : Perméabilité de la membrane à l'eau
- P_S : Perméabilité de la membrane au soluté
- σ : Coefficient de réflexion de la membrane
- C_m : Concentration dans la membrane.

J_S comprend donc une composante dépendant de la pression puisque J_V dépend elle même de la pression [40]. L'inconvénient de ce modèle est que les coefficients utilisés peuvent être dépendants des concentrations, comme c'est le cas en particulier pour P_S [41].

Spiegler et Kedem [42] ont donc développé un autre modèle prenant en compte des perméabilités et des coefficients de réflexion [42].

$$J_V = L_p(\Delta P - \sigma \Delta \pi) \quad (10)$$

$$J_S = P_S(C_0 - C_P) + (1 - \sigma)J_V C_m \quad (11)$$

Le flux de soluté étant la somme d'un flux diffusif qui ne dépend que de la concentration de part et d'autre de la membrane et d'un flux convectif qui est un flux purement physique qui ne dépend que du débit de solvant et de la pression appliquée :

$$J_S = J_{diff} + J_{conv} \quad (12)$$

Avec :

$$J_{diff} = P_S(C_0 - C_P)$$

$$J_{conv} = (1 - \sigma)J_V C_m = J_V C_{conv}$$

A basse pression, les deux termes sont importants. Plus la pression est forte, plus le terme convectif va être prédominant.

Ce modèle a été beaucoup utilisé pour décrire et analyser des séparations en osmose inverse, et donne de bons résultats, même pour les molécules organiques [43]. Il est possible de déterminer les paramètres de ce type de modèle à partir de la rétention expérimentale d'une molécule et de prévoir ensuite la rétention d'autres molécules [40].

Il est également possible d'utiliser les équations générales de Stefan-Maxwell [44] pour des ions inorganiques et pour des solutions à plusieurs composés lorsque les densités de flux sont faibles [45]. Cette approche permet également d'écrire des modèles plus complexes prenant en compte une composante de convection et de diffusion dans les pores ainsi qu'une composante de diffusion dans la matrice polymère [46].

L'inconvénient majeur de l'utilisation de la TPI est qu'elle traite la membrane comme une boite noire. Le transport peut être décrit mais elle ne permet pas de prévoir la séparation en se basant sur la structure et les propriétés de la membrane [47].

> **Modèle de solubilisation-diffusion**

Le modèle de solubilisation-diffusion (SD) a été proposé en 1965 par Lonsdale et al. [48]. Du fait de sa simplicité alliée à son efficacité, il est majoritairement utilisé. Il suppose que la membrane est homogène et non poreuse. Le soluté et le solvant sont partiellement dissous dans la membrane, selon les lois de distribution et d'équilibre bien définies et diffusent en son sein. Leurs diffusions sont indépendantes l'une de l'autre et fonction seulement des gradients respectifs de potentiel chimique. Ces gradients sont dus aux différences de pression et de concentration de part et d'autre de la membrane.

Le flux de chaque espèce est donné par une relation de la forme [49] :

$$J_i = -\frac{\overline{D_i}}{RT}\overline{C_i}.\mathrm{grad}\,\mu_i = -\frac{\overline{D_i}}{RT}\overline{C_i}\left(\frac{\partial \mu_i}{\partial \overline{C_i}}\mathrm{grad}\,\overline{C_i} + V_i.\mathrm{grad}P\right)$$

Avec :

- J_i : Flux de l'espèce i à travers la membrane
- $\overline{D_i}$: Coefficient de diffusion du constituant i dans la membrane
- $\overline{C_i}$: Concentration moyenne du constituant i dans la membrane
- μ_i : Potentiel chimique du constituant i
- P : Pression appliquée
- V_i : Volume molaire du constituant i

L'équation précédente peut être intégrée en supposant que la différence de concentration du solvant à travers la membrane est faible. Pour simplifier, on considère le cas d'un seul soluté. Dans ce cas l'indice 1 correspond au solvant et l'indice 2 au soluté :

$$J_1 = -\frac{\overline{D_1}}{RT}\overline{C_1}.V_1.\text{grad}P = -\frac{\overline{D_1}}{RT}\overline{C_1}V_1\frac{\partial P}{\partial Y}$$

Avec :

∂P : Pression effective appliquée sur la membrane

∂Y : Elément de l'épaisseur effective de la membrane

Le flux moyen à travers la membrane est obtenu par l'intégration de l'équation précédente entre les deux faces de la membrane :

$$J_1 = -\frac{1}{e}\int_0^e V_1 \frac{\overline{D_1}}{RT}\frac{\partial P}{\partial Y}dY = -\frac{\overline{D_1}}{RTe}\overline{C_1}V_1(\Delta P - \Delta \pi)$$

Avec :

e : Epaisseur effective de la membrane

ΔP : Différence de pression de part et d'autre de la membrane

$\Delta \pi$: Différence de la pression osmotique de part et d'autre de la membrane

Si aucune des propriétés de la membrane ne dépend de la pression ou de la concentration des solutions, le terme $-\frac{\overline{D_1}}{RTe}\overline{C_1}V_1$ peut être considéré comme une constante de la membrane appelée A et exprimé en L.h^{-1}.m^{-2}.bar^{-1}. C'est un flux unitaire de solvant pour une membrane donnée. C'est la perméabilité de la membrane au solvant. On aura alors une équation de la forme :

$$J_1 = A(\Delta P - \Delta \pi) \qquad (13)$$

Maurel a indiqué que pour les membranes très sélectives, le terme $V_1.\text{grad}P$ est négligeable devant le terme $\frac{\partial \mu_i}{\partial C_i}\text{grad}\overline{C_i}$ et l'on obtient pour le flux de soluté :

$$J_2 = -\frac{\overline{D_2}}{RT}\overline{C_2}.\frac{\partial \mu_2}{\partial \overline{C_2}}\text{grad}\overline{C_2}$$

La concentration moyenne C_2 du soluté est faible dans la membrane, ce qui permet d'assimiler C_2 à l'activité du soluté a_2.

Or

$$\mu = \mu_0 + RT.\text{Log}a \cong \mu_0 + RT.\text{Log}C$$

$$\frac{\partial \mu}{\partial C} = RT \frac{\partial (\text{Log}C)}{\partial C} = RT \frac{\partial C}{C}$$

D'où :

$$J_2 = -\frac{\overline{D_2}}{RT}\overline{C_2}\frac{RT}{\overline{C_2}}\frac{\partial \overline{C_2}}{\partial Y} = -\overline{D_2}\frac{\partial \overline{C_2}}{\partial Y}$$

L'intégration de cette dernière équation entre les deux faces de la membrane permet d'écrire :

$$J_2 = -\frac{1}{e}\int_0^e \overline{D}_2 \frac{\partial \overline{C_2}}{\partial Y}\partial Y$$

$$J_2 = -\frac{\overline{D}_2}{e}\Delta \overline{C}_{2m}$$

Avec

J_2 : Flux de soluté à travers la membrane

$\overline{D}_2$: Coefficient de diffusion du soluté dans la membrane

$\Delta \overline{C}_{2m}$: Différence de concentration du soluté entre les deux faces de la membrane.

Soit $K = \dfrac{\overline{C}_{2m}}{C_{2s}}$ le coefficient de distribution du soluté entre solution et membrane.

Où :

C_{2s} : concentration du soluté dans la solution

L'équation précédente peut aussi s'écrire sous la forme :

$$J_2 = -\frac{K}{e}\overline{D}_2 \Delta \overline{C}_{2s}$$

Si aucune des propriétés de la membrane ne dépend de la pression ou de la concentration du soluté, le terme $-\dfrac{K}{e}\overline{D}_2$ peut être considéré comme une constante relative au transfert de soluté, appelée B : c'est la perméabilité de la membrane au soluté exprimée en $L.h^{-1}.m^{-2}$. On aura alors une équation de la forme :

$$J_2 = B\Delta \overline{C}_{2s} \qquad (14)$$

L'avantage de ce modèle est que seulement deux paramètres globaux (A et B) sont nécessaires pour caractériser le système. Il a donc été beaucoup appliqué, que ce soit pour les sels inorganiques ou pour les molécules organiques. Cependant, il est limité aux membranes ayant une faible teneur en eau. Pour les composés organiques, il n'est pas toujours adéquat.

Cela peut être dû à la présence d'imperfections (pores) dans la membrane, à des effets de convection dans les pores et/ou aux interactions membrane-solvant-soluté [47].

Le modèle de solubilisation diffusion imperfection, décrit par Sherwood et al. en 1967 [50], est une modification du modèle SD classique. Il considère que la membrane présente des imperfections appelées pores. Il introduit donc un terme de convection dans les pores.

$$J_V = L_P(\Delta P - \Delta \pi) + K_2 \Delta P \qquad (15)$$

$$J_S = P_S(C_0 - C_P) + K_2 \Delta P \qquad (16)$$

Avec :

K_2 : coefficient de couplage décrivant la convection dans les pores.

Le tracé de la densité de flux en fonction de la différence de pression permet d'accéder aux coefficients P_S et K_2 et d'évaluer l'importance relative des deux phénomènes (SD et convection)

Ce modèle a été utilisé pour des acides organiques et des alcools [51] et décrit assez bien les phénomènes. Cependant, il présente deux inconvénients majeurs : trois coefficients doivent être déterminés par régression multilinéaire pour caractériser le système membranaire et certains paramètres sont à la fois fonction de la pression et de la concentration. De plus, les systèmes organiques présentent des densités de flux expérimentales plus faibles que celles calculées par le modèle [47].

Williams et al. [52] proposent un modèle de SD-adsorption prenant en compte l'adsorption de solutés organiques sur la membrane, et non plus un simple partage. Ils considèrent que la membrane présente un nombre fini de sites d'adsorption, occupé soit par l'eau soit par le soluté. Il y a donc une adsorption compétitive entre ces entités. La concentration en « soluté + eau » dans la membrane Cm est constante et représentée par une équation de type Langmuir.

Ce modèle a été appliqué avec succès par ces auteurs [52] au transfert de composés phénoliques. Aucune autre utilisation n'a été trouvée à ce jour.

➤ **Modèle de pores**

Le modèle de flux par sorption capillaire préférentielle a été proposé par Sourirajan en 1970 [53]. Ce modèle suppose que le transport est assuré par des phénomènes de surface et de transport de fluide à travers les pores. De par ses propriétés chimiques, la membrane hydrophile, sorbe préférentiellement l'eau et rejette préférentiellement les solutés. C'est-à-dire qu'une fois arrivés à proximité de la membrane les solutés subissent une répulsion de la part de celle-ci l'eau pure, qui est le solvant de ces sels, forme une couche de quelques dizaines d'Angstrom et diffuse dans la membrane.

➤ **Modèle de pores fins**

Le modèle de pores fin a été proposé par Merten en 1966 [54] puis modifié par Jonsson et Boesen en 1975 [55]. C'est une approche prenant en compte des pores dans la membrane. Le transport d'eau est supposé visqueux à travers les pores de la membrane, considérés comme uniformes. Le soluté, lui, est transporté par diffusion et convection dans ces pores.

➤ **Modèle de pores et de forces de surface**

Le modèle de pores et de forces de surface (SFPF : surface force pore flow) développé par Sourirajan et Matsuura [56] est une extension à deux dimensions du modèle de pores fins. Le gradient de concentration a lieu à la fois dans la profondeur de la membrane mais aussi dans sa largeur [56]. Un bilan des forces sur l'eau dans le pore permet de calculer son profil de vitesse dans la membrane. Ce modèle ressemble à celui de pores fins mais est valide sur tout le pore, alors que le modèle de pores fins ne donne la concentration qu'au centre du pore. De plus, le modèle SPFP considère une distribution du soluté de forme Maxwell-Boltzmann, c'est-à-dire dépendant de la distance radiale.

Par ailleurs, pour les ions, une fonction de potentiel coulombien est utilisée pour prendre en compte les forces de répulsion électrostatique entre l'ion et la membrane. Pour les molécules non chargées, une fonction de potentiel de Lennard-Jones est utilisée pour prendre en compte les forces de Van der Waals.

I. 2. 4. La Nanofiltration

I. 2. 4. 1. Introduction

Les progrès réalisés dans la technologie des matériaux membranaires ont donné naissance dans les années 1970 à un procédé de séparation en phase liquide intermédiaire entre l'osmose inverse (utilisant des membranes denses) et l'ultrafiltration (mettant en œuvre des membranes poreuses) permettant des séparations de très petites molécules. Ce procédé désigné au départ comme une ''filtration hybride'' [57] utilise un gradient de pression comme force motrice, il a gardé cette appellation jusqu'à ce que ses caractéristiques soient bien définies.

Cette technologie membranaire proposée par des industriels américains en 1976, utilise des membranes dérivant de celles utilisées en osmose inverse classiques en acétate de cellulose et remplace des procédés conventionnels d'adoucissement de l'eau tout en fonctionnant à plus faible pression que celle de l'osmose inverse [58, 59]. A la fin des années 80, ce procédé dénommé nanofiltration a pris son essor industriel avec l'arrivée de membranes de type composite [60]. Les performances qu'elle a alors montrées ont initié de nombreux programmes de recherche visant au développement de nouvelles membranes [57].

Aujourd'hui les membranes de nanofiltration existantes présentent un seuil de coupure pour les composés organiques allant de 300 à 1000 daltons de masse molaire, ce qui correspond à un diamètre de pore de l'ordre du nanomètre [61-63]. Ces membranes présentent une sélectivité spécifique de séparation pour les espèces ioniques, avec une forte rétention globale pour les sels minéraux à faible concentration ; avec tout de même une rétention plus faible des ions monovalents que les ions divalents (sulfate, calcium et magnésium).

L'intérêt majeur de la technologie utilisant ces membranes réside dans le fait qu'elles permettent de fonctionner sans élévation de température ni changement de phase pour des séparations moléculaires, ce qui est particulièrement intéressant pour la séparation de composés thermosensibles tels que les acides aminés ou les protéines. Les installations de nanofiltration présentent l'avantage d'être compactes, faciles de mise en place et automatisables et peuvent être adaptées à toute échelle de traitement. Néanmoins, les membranes de nanofiltration restent encore peu connues par rapport à celles de microfiltration, d'ultrafiltration ou d'osmose inverse du fait de leur développement plus récent.

La NF peut trouver des applications dans la séparation entre ions monovalents et divalents [64] ou plus généralement au dessalement d'effluents [65] et plus récemment à la désacidification [66]. La séparation ionique est alors en concurrence avec les procédés électrodialytiques mais dès que le milieu devient complexe sa composition joue sur la sélectivité et l'efficacité des membranes. Pour connaître les avantages de l'une ou l'autre des méthodes il faudrait posséder des résultats comparables pour juger, en particulier, de la sensibilité de la NF et de l'électrodialyse par exemple.

I. 2. 4. 2. Mécanismes de transfert

Le mode de transfert de matière en nanofiltration est complexe et fait l'objet actuellement des recherches intensives. En effet, la nanofiltration étant intermédiaire entre l'osmose inverse et l'ultrafiltration deux mécanismes de transfert vont coexister : la solubilisation-diffusion et la convection sélective. La sélectivité entre les différents solutés, va donc être à la fois d'origine chimique, comme en osmose inverse et d'origine physique comme en ultrafiltration.

➢ **Mécanisme de transfert par diffusion**

Le transfert par diffusion se fait sous l'action d'un gradient de concentration de part et d'autre de la membrane ; ce transfert ne peut se réaliser que si le soluté est soluble dans la membrane. Pour chaque soluté, c'est le coefficient de partage entre la membrane et l'eau qui va être le principal paramètre de sélectivité.

➢ **Mécanisme de transfert par convection sélective**

Le transfert des solutés peut se faire également par entraînement par le solvant. Ce transfert va être sélectif dans la mesure où la membrane va retenir des solutés dont le diamètre est plus grand que celui des pores. C'est une sélectivité purement physique liée au rapport de la taille des solutés à celle des pores de la membrane. Ce transfert est directement proportionnel au débit de solvant.

I. 3. Mécanismes intervenant sur les transferts en séparation membranaire

En séparation membranaire les propriétés de séparation ne sont pas facilement prédictibles. En effet lorsqu'un soluté s'approche de la surface d'une membrane, il est soumis à différentes forces d'interactions, caractéristiques du milieu, de la nature des solutés et de la nature de la membrane. Parmi ces interactions on distingue :

- Les effets stériques,
- Les interactions électrostatiques.

I. 3. 1. Effets stériques
I. 3. 1. 1. Etat physique de la membrane

Les propriétés physiques de la membrane comme le nombre de pores, leur forme ainsi que la rugosité de la surface, jouent un grand rôle dans la rétention des solutés.

Le terme « pore » pour les membranes correspond à un espace vide dans le polymère par lequel le transport du fluide peut avoir lieu sous l'action d'une force motrice. Dans une membrane dense, les pores sont des vides de moins de 0,5 nm de diamètre, qui sont formés naturellement dans les polymères solides. Ces pores, ou défauts de densité, sont causés par des irrégularités de l'entremêlement des chaînes de polymères. Ils peuvent aussi être créés par les contractions locales des polymères cristallisables lors de leur cristallisation. Ces pores peuvent être circulaires ou non, fermés ou ouverts, et former un réseau continu d'interconnections. Ils sont susceptibles d'accueillir de petites molécules qui au cours de leur transport à travers ce pore interagissent fortement avec ses parois [67]. La porosité est exprimée par la taille, la distribution de taille et le nombre de pores effectifs dans la couche active.

Le premier paramètre donnant une indication sur la « porosité » de la membrane est son taux de rétention en chlorure de sodium (NaCl), mesuré par le fabricant dans des conditions standard, qui lui sont spécifiques. Il a été bien corrélé au taux de rétention de certains pesticides [68], de polysaccharides et d'alcools [69, 70]. Une autre étude sur 36 composés organiques semi-volatils et volatils d'intérêt environnemental, de masse molaire comprise entre 70 et 300 g.mol^{-1} montre qu'en général les taux de rétention les plus forts sont obtenus pour les membranes aux taux de rétention en NaCl les plus élevés [71]. La taille et la distribution des pores peuvent être estimées par la rétention d'une molécule de masse molaire connue dont le diamètre est calculé à partir de l'équation de Stokes ou bien à partir d'un jeu de molécules de diamètre connu [72]. La taille moyenne de pore est la taille pour laquelle il y a 50% de rétention [73].

Un autre paramètre permettant d'évaluer l'état de la surface est la rugosité de la membrane. Elle permet de quantifier les indentations de la surface de la membrane. Pour cela, à partir d'une technique permettant d'avoir accès à la topographie de la surface, telle que la microscope à force atomique (AFM) [73], la rugosité est définie comme la moyenne arithmétique ou quadratique des hauteurs des déviations par rapport au plan central [74].

I. 3. 1. 2. Taille de la molécule

Le modèle de Ferry [75] est le modèle d'exclusion par la taille le plus connu. Dans ce modèle, le coefficient de partage ne dépend, ni de la concentration, ni des conditions opératoires mais seulement du rapport entre le rayon du soluté et le rayon du pore.

Pour les molécules non chargées, peu polaires, la masse molaire peut fournir une première information sur la rétention [76] avec de bonnes corrélations [77]. Cependant, elle ne renseigne pas sur l'encombrement stérique de la molécule.

L'évaluation de la taille et de la géométrie de la molécule couplée à la taille de pores peut être un meilleur descripteur que la masse molaire et le taux de rétention en NaCl [70]. En effet, des pesticides ayant une section, et non une masse molaire, plus faible sont moins bien retenues [78].
D'autres paramètres ont été développés pour évaluer la taille des molécules et la corréler au taux de rétention : le diamètre de Stokes, le diamètre molaire équivalent, la largeur moléculaire, le diamètre moléculaire, la taille moyenne [43, 69, 76, 79].

I. 3. 2. Interactions électrostatiques

Les interactions électrostatiques ont souvent été rapportées comme participant de manière importante au mécanisme de rétention. Elles s'établissent entre deux entités chargées : dans notre cas les solutés ionisés et la membrane, qui peut porter une charge. En effet, les membranes sont généralement soit chargées (positivement ou négativement) soit neutres. Il est donc clair qu'un soluté chargé sera mieux retenu, par répulsion électrostatique, qu'un soluté neutre. Le respect de l'électroneutralité implique que les composés de charge opposée le seront également [80]. Néanmoins, Braeken et al. [81] ont montré que les molécules neutres interagissaient (ou pouvaient interagir) également avec la surface de la membrane, principalement par des effets de polarité.

D'après Macoun et Fane [82], les ions qui traversent les pores de faibles diamètres de membranes chargées sont soumis à différentes forces dont l'énergie résultante induit leur comportement, on distingue :
- Les forces diélectriques,
- Les forces électrostatiques,
- Les forces d'hydratations.

I. 3. 2. 1. Les forces diélectriques

Les forces diélectriques sont dues à la variation de l'énergie interne suivant la nature du milieu. Les molécules chargées ont tendance à rester dans le milieu ayant la constante diélectrique la plus élevée. Ainsi, lors de la filtration de molécules chargées, selon la force des constantes diélectriques du matériau membranaire et du pore, celles-ci peuvent être rejetées par la membrane. Néanmoins, l'exclusion diélectrique des solutés chargés n'est un facteur dominant que lorsque la membrane ne contient pas de charge ou lorsque la concentration ionique dans la membrane est nettement supérieure à la concentration des charges fixées [83].

I. 3. 2. 2. Les forces électrostatiques

Lorsque deux entités chargées s'approchent l'une de l'autre, il se crée un potentiel électrostatique induit par les forces d'attraction ou de répulsion. Ces interactions peuvent jouer des rôles très importants [84]. Et parmi ces forces électrostatiques, on peut citer :

- Les forces coulombiennes qui existent entre deux molécules chargées et dont l'équation peut s'écrire selon Adamson [85] sous la forme :

$$F = \frac{1}{4\Pi\varepsilon_0} \frac{e_1 e_2}{x^2}$$

Avec e_1 et e_2 les charges respectives des particules 1 et 2 séparées par la distances x.

- Les forces de Van der Waals qui sont les plus faibles phénomènes d'adsorption (adsorption physique). Qu'elles concernent des dipôles instantanés, permanents ou induits. Ces interactions restent les plus faibles comparées aux liaisons ioniques ou covalentes, leur énergie est de quelques Kcal/mol.

On peut citer aussi les interactions relatives à la présence de la double couche électrique due à une accumulation de charges libres (ions, dipôles ou molécules polarisées) pour compenser l'excès de charge de la paroi de la membrane.

I. 3. 2. 3. Les forces d'hydratation

Aux interfaces eau-solide, que la surface du solide soit polaire ou non polaire, l'eau se présente sous forme structurée. Ce phénomène peut faire intervenir des épaisseurs de deux ou trois molécules d'eau à l'interface, mais pour certaines membranes, la liaison hydrogène avec les groupements fonctionnels sur la membrane peut étendre la couche de solvatation dans les pores à quelques centaines de couches moléculaires [86].

Si l'épaisseur de la couche d'eau structurée peut être négligée par rapport à la taille des pores de membranes de microfiltration ou d'ultrafiltration, cela n'est plus possible avec les membranes de nanofiltration et d'osmose inverse pour les quelles l'influence de la présence d'une telle couche d'eau structurée serait très importante sur les propriétés de sélectivité et de flux de perméat.

D'après Frank et Evans [87], l'addition d'ions déstructurants tels que les ions chlorure et les ions potassium qui présentent de faibles énergies d'hydratation, favorisent le désordre au sein de la solution par augmentation de l'entropie, ce qui entraîne la réduction de l'épaisseur de la couche interfaciale. Au contraire, l'addition d'ions dits déstructurants tels que les ions sodium et les ions magnésium favorisent la formation de liaisons hydrogène et par conséquent l'augmentation de l'épaisseur de la couche interfaciale [88].

D'autre part, lorsqu'une molécule est mise en solution, elle sera d'autant plus solvatée que l'énergie libre de solvatation est supérieure à l'énergie du réseau cristallin. Le nombre de molécule d'eaux attirées par les ions est d'autant plus important que leur charge est importante. Ce phénomène augmente la concentration apparente de la solution puisque le nombre de molécules d'eau servant comme solvant diminue. L'ion ainsi hydraté voit sa taille apparente augmenter, ce qui augmente sa rétention stérique par la membrane [88].

I. 3. 3. Effet Donnan

L'effet Donnan décrit les mécanismes de rétention de sels par des membranes qui permettent la rétention de certains ions minéraux ou organiques en solution. Dans le modèle d'exclusion de Donnan, la membrane est considérée comme un milieu homogène.

Le modèle d'exclusion de Donnan est le modèle qui traduit l'intervention des forces électrostatiques. D'après ce modèle, lorsque la concentration en sel est faible et la membrane est fortement chargée, celle-ci attire les contres-ions (les ions de charges opposée à la membrane) et repousse les co-ions (les ions de même charge que la membrane). Même attirés par la membrane, les contres ions restent en solution avec les co-ions pour assurer l'électroneutralité du système ce qui amène à une forte rétention du sel. Par contre dans le cas où la concentration en sel est très importante, une partie des contre-ions suffit pour compenser la charge de la membrane, ce qui permet au reste des contre-ions de traverser la membrane entraînant avec eux les co-ions [89].

Selon Eyraud et al. [90], Macoun et al. [91] et Pontalier [92], la sélectivité des membranes d'ultrafiltration et de nanofiltration pour les solutions électrolytiques simples semble être régie de manière générale par l'exclusion de Donnan. Toutefois, la distribution de ces ions ainsi que des phénomènes d'adsorption sur la membrane pouvant amener à diminuer la charge effective de cette membrane.

I. 4. Domaine d'application des procédés membranaires

Les procédés membranaires trouvent leur application dans différents secteurs de l'industrie telles que les biotechnologies, l'agroalimentaire, l'industrie pharmaceutique, l'industrie textile sachant que le domaine de l'eau reste le marché le plus important.

I.4.1. Traitement de l'eau

Les procédés membranaires sont largement appliqués dans le domaine de dessalement et de traitement des eaux.

Pour les pays dont les ressources en eaux sont limitées, l'osmose inverse s'avère un bon procédé de traitement des eaux naturelles afin de les rendre aptes à leur utilisation en agriculture ou à la consommation humaine [93-95]. L'osmose inverse a été employée aussi pour dessaler l'eau de mer dans plusieurs pays. Par exemple en Tunisie, quatre unités de dessalement de l'eau saumâtre implantée à Djerba, Zarzis, Gabès et sur les îles de Kerkennah dont la production journalière est de 56000 m^3/j [96].

Devant l'augmentation des besoins en eau potable, les industriels ont dû étendre les sources d'eau à purifier. Les eaux souterraines ou de surface plus ou moins saumâtres [95,97] sont devenues de bonnes candidates. Les effluents de stations d'épuration peuvent également être utilisées pour générer, après passage dans une unité d'osmose inverse, une eau non potable mais utilisable en irrigation [94] ou pour des industries de galvanoplastie [97].

Un des grands avantages de l'osmose inverse est qu'elle produit de l'eau suffisamment pure pour être utilisée comme vapeur pour les générateurs électriques ou les chaudières [98], et dans les tours de refroidissement. La source utilisée peut être de l'eau de rivière, de l'eau de ville [98] ou des eaux usées de procédés.

La nanofiltration trouve aussi son application dans le domaine de traitement de l'eau potable où elle connaît un essor considérable. Ceci est mis en évidence par plusieurs auteurs [99, 100] qui lors d'expérimentations à l'échelle du laboratoire et industrielle ont montré l'aptitude de cette technique à satisfaire aux normes de qualité de l'eau qui sont de plus en plus sévère.

D'autres études [101, 102] envisagent que les membranes de nanofiltration permettent un adoucissement partiel des eaux dures et permettent de réduire la salinité de l'eau de mer, du fait qu'elles présentent des rétentions différentes des ions monovalents par rapport aux ions bivalents. La nanofiltration possède aussi l'avantage d'éliminer les composés organiques de faible poids moléculaire, les composés organiques naturels (MON) tels que les acides humiques ou fulviques [103], les composés organiques artificiels tels que les pesticides et le phénol [104, 105] et d'autres éléments indésirable présents dans les eaux potables tels que le fluor [106, 107], le bore [108], l'arsenic [109-111] et le cadmium [112]...

I. 4. 2. Traitement d'effluent

En ce qui concerne les effluents industriels, les procédés membranaires sont assez performants pour traiter les condensats de différentes origines.

L'utilisation de l'osmose inverse et de la nanofiltration dans le traitement des effluents est en pleine expansion. Elles trouvent leur application dans des domaines très variés comme les industries du papier [113-115], des semi-conducteurs [116-119], de textile [120-122]. Dans tous ces domaines l'eau obtenue est soit rejetée, soit recyclée, dans le procédé qui la génère, soit utilisée au sein de l'usine pour une autre application. Par exemple, pour une usine de production de triméthylopropane, le retentât est recyclé dans l'unité par contre le perméat est utilisé comme eau de chaudière ou de régénération des résines échangeuse d'ions [123].

Dans le cas de l'industrie papeterie, grande consommatrice d'eau dont une grande partie est déversée sous forme d'effluents chargés en substance organiques et minérales, la nanofiltration est utilisée afin d'éliminer les composés organiques chlorés formés par la création du chlore avec la lignine lors du blanchiment de la pâte à papier, et permet de limiter la consommation d'eau propre par recyclage d'eau de procédés. Ceci est aussi le cas sur les plateformes pétrolières où l'eau de procédé est fabriquée elle-même par nanofiltration.

Bhattacharyya et al. [124] utilisent des membranes de nanofiltration pour séparer des polluants comme le nitrophénol et le chlorophénol des effluents industriels.

D'autres travaux publiés par Allen et al. [125] s'intéressent plus spécialement à la séparation d'ions toxiques tels que Cr^{3+}, Co^{2+} et Mn^{2+} avec des membranes de nanofiltration à base de polyphosphazène.

I. 5. Polarisation de la concentration et colmatages des membranes

I. 5. 1. Polarisation de la concentration

Les procédés membranaires sont utilisés pour accomplir une séparation : la concentration dans le perméat (C_p) est plus faible que dans l'alimentation (C_a) : c'est le concept de base (Figure I-15).

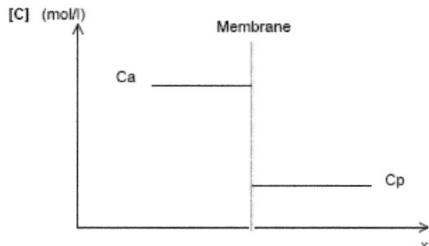

Figure I-15 : Séparation membranaire : concept de base

Les solutés retenus s'accumulent progressivement à la surface de la membrane sous l'effet du flux de convection normale à la membrane Jc. La concentration croît graduellement dans la zone interfaciale entre la membrane et la veine liquide : c'est la polarisation de concentration. Une telle croissance génère un flux diffusionnel de l'interface membranaire vers la solution, qui assure l'évacuation du flux de solutés en excès. A l'état stationnaire, le flux de soluté dans le sens solution-interface (J_c) est en équilibre avec le flux de soluté à travers la membrane (J_p) et le flux diffusionnel (J_d) dans le sens interface membranaire vers la solution (Figure I-16).

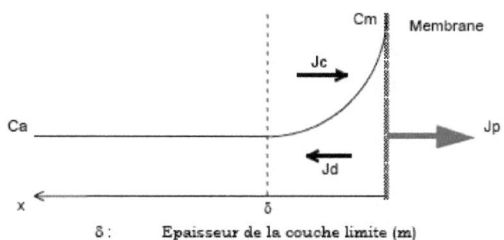

Figure I-16 : Polarisation de concentration.

L'équation s'écrit :

$$J_c = J_p + J_d$$

$$J.C_x = J.C_p - D.\frac{dC_x}{dx}$$

D'où :

$$J.C_p = J.C_x + D.\frac{dC_x}{dx} \qquad (17)$$

Avec :

D	: Coefficient de diffusion ($m^2.s^{-1}$)
J	: Densité de flux de solvant ($m^3.m^{-2}.s^{-1}$)
C_p	: Concentration du perméat ($mol.m^{-3}$)
C_x	: Concentration dans la solution d'alimentation (sa valeur varie avec la distance x par rapport à l'interface dans l'épaisseur de la couche limite δ).

Les conditions aux limites s'établissent comme suit :
Pour x = 0, $C_x = C_m$ et pour x = δ, $C_x = C_a$, avec C_a : Concentration au sein de la solution.
En intégrant l'équation (17), on obtient la relation dite du "modèle du film" telle que :

$$\mathrm{Ln}\left(\frac{C_m - C_p}{C_a - C_p}\right) = \frac{J.\delta}{D} \qquad (18)$$

D'où :

$$\frac{C_m - C_p}{C_a - C_p} = \exp\left(\frac{J.\delta}{D}\right) \qquad (19)$$

On appelle K le coefficient de transfert massique (exprimé en $m.s^{-1}$), rapport du coefficient de diffusion D du soluté à l'épaisseur de la couche limite δ tel que :

$$K = \frac{D}{\delta} \qquad (20)$$

On introduit la rétention intrinsèque, R_{int} exprimée par la relation suivante :

$$R_{int} = 1 - \frac{C_p}{C_m}$$

L'équation devient :

$$\frac{C_m}{C_a} = \frac{\exp(\frac{J}{k})}{R_{int} + (1 - R_{int})\exp(\frac{J}{k})} \quad (21)$$

$\frac{C_m}{C_p}$ est appelé facteur de polarisation. Il augmente avec le flux J, avec l'augmentation de R_{int} et quand k décroît. Si le soluté est complètement retenu R_{int} = 1. Le coefficient de transfert massique k dépend fortement de l'hydrodynamique du système.

L'effet de la polarisation de concentration est très fort en microfiltration et ultrafiltration car, dans les deux cas J est grand et k faible. Les macromolécules, les colloïdes et tensioactifs divers sont peu transférés et leur diffusivité est d'environ 10^{-10} à 10^{-11} $m^2.s^{-1}$.

I. 5. 2. Colmatages des membranes
I. 5. 2. 1. Principe du colmatage

Le colmatage des membranes peut constituer un élément limitant important dans l'application des procédés membranaires à la production d'eau potable. D'abord, ce phénomène peut réduire de façon irréversible ou non la perméabilité des membranes. Cela implique donc une dépense d'énergie supplémentaire pour produire une quantité de perméat constante. Ensuite, plus le colmatage est important, plus il faudra accorder du temps et de l'argent aux lavages chimiques. La durée de vie des membranes s'en trouvera aussi réduite. Finalement, le colmatage peut aussi faire varier le pouvoir de séparation des membranes.

Il existe deux principales catégories de colmatage : le colmatage microbiologique et le colmatage abiotique [126]. Dans le cas d'un colmatage microbiologique, des microorganismes peuvent s'attacher, croître à la surface des membranes et produire suffisamment de substances polymériques extracellulaires pour faciliter le développement d'un biofilm à la surface des membranes [127]. En plus des microorganismes il y a de nombreux éléments colmatant présents dans les eaux naturelles telles que les particules, les colloïdes, les substances organiques dissoutes et les substances inorganiques peu solubles. Toutefois, les matières inorganiques sont considérées comme peu influentes sur le colmatage par rapport à la MON dans le cas des eaux douces de surface colorées et peu minéralisées. C'est la fraction humique de la MON qui par sa nature hydrophobe contribue, à priori, le plus significativement au colmatage. Ces agents colmatants

sont associés au colmatage abiotique qui peut se manifester de deux façons : par le dépôt de matière à l'intérieur des pores de la membrane et par le dépôt de matière à sa surface.
La figure I-17 illustre différents scénarios de colmatage abiotique d'une membrane.

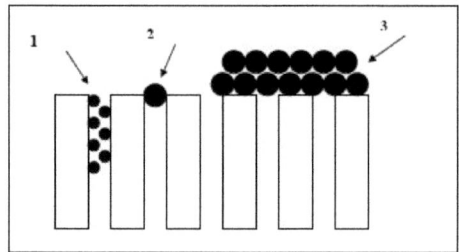

Figure I-17 : Scénarios de colmatage d'une membrane.

Dans le scénario 1, il y a blocage partiel du pore par l'adsorption de fines particules à l'intérieur de celui-ci. Dans le scénario 2, il y a blocage total du pore par rétention stérique d'une plus grosse particule. Enfin, dans le scénario 3, il y a formation d'un dépôt de particules à la surface de la membrane. Le colmatage à l'intérieur ou à l'entrée des pores est un phénomène à priori très rapide tandis que le colmatage par formation de dépôt est un phénomène qui s'échelonne dans le temps.

Le dépôt peut être assimilable à une deuxième membrane. Il génère en effet une résistance hydraulique additionnelle à l'écoulement de l'eau à travers les pores de la membrane. Ensuite, le dépôt peut permettre une séparation plus poussée de la matière, ce qui va d'autant plus augmenter le colmatage (phénomène auto-accélérant). Plusieurs auteurs prétendent aussi que les dépôts peuvent être compressibles et que la résistance additionnelle qui leur est associée peut varier en fonction de la différence de pression à travers le dépôt [128-130].

I. 5. 2. 2. Facteurs influençant le colmatage des membranes

Il est important de bien connaître les facteurs influençant le colmatage afin de développer des stratégies visant à minimiser ce phénomène et ainsi réduire les coûts d'opération et augmenter la durée de vie des membranes. Ces facteurs sont : les caractéristiques de la membrane, les caractéristiques de l'eau à traiter et les conditions d'opération du procédé membranaire [131].

Parmi les caractéristiques des membranes influençant le colmatage, il y a le seuil de coupure, la charge de surface et l'hydrophobicité. Les manufacturiers cherchent à rendre leurs membranes plus hydrophiles et donc moins susceptibles d'être colmatées par les substances hydrophobes présentes dans les eaux naturelles [18]. D'autre part, plus le seuil de coupure d'une membrane est faible, plus la séparation effectuée risque d'être importante. En conséquence, s'il n'y a pas de prétraitement approprié, le colmatage de cette membrane risque d'être plus important [131]. Pour ce qui est de la charge de la membrane, si elle est de même signe que la charge des particules, il y aura alors répulsion entre la membrane et les particules et donc moins de risques de colmatage. C'est pourquoi certains auteurs recherchent un prétraitement membranaire qui serait capable de charger les particules présentes dans les eaux naturelles afin qu'elles acquièrent une charge similaire à la charge de la membrane utilisée. La triboélectricité est un procédé qui par frottement électrostatique pourrait constituer un tel prétraitement [132].

Le colmatage est aussi dépendant de la nature de l'eau à traiter et de la concentration de ses principaux constituants. En général, plus une eau est chargée en particules et plus elle aura tendance à colmater les membranes. Le pouvoir colmatant des particules en suspension d'une eau s'exprime en terme de « Silt Density Index » (SDI). Le test de SDI consiste à filtrer l'eau sur un filtre de 0,45 µm et à mesurer la baisse de vitesse de perméation associée au colmatage. Les manufacturiers de modules spiralés recommandent de ne pas dépasser un SDI de 5 [18].

Toutefois, pour la NF et l'OI, l'utilisation d'un prétraitement adéquat fait en sorte que les colloïdes et les molécules organiques dissoutes sont beaucoup plus influentes sur le colmatage des membranes que les particules. A priori, la tendance d'une eau à colmater une membrane de NF ou d'OI sera d'autant plus forte que l'eau contient une concentration élevée en MON.

Des chercheurs américains [133] ont aussi trouvé que le colmatage de membranes de NF par la MON est considérablement augmenté avec l'addition d'électrolyte (NaCl), l'abaissement du pH et l'addition de cations divalents (Ca^{2+}). Les cations divalents interagissent spécifiquement avec les cycles aromatiques carboxyliques des substances organiques humiques. Leur charge positive tend à réduire la charge négative humique et les répulsions entre macromolécules humiques, ce qui accentue le colmatage des membranes. D'autres chercheurs ont effectué un fractionnement de la MON d'une eau en ses parties hydrophobe et hydrophile. Ils ont découvert que la fraction hydrophobe contribuait majoritairement au colmatage et que la fraction hydrophile causait beaucoup moins de colmatage [134].

Enfin, la cinétique de colmatage d'une membrane, et l'évolution de la résistance additionnelle (RA) qui y est associée, dépend aussi des conditions d'opération des procédés membranaires. Ces conditions sont la vitesse de perméation, le taux de récupération global, la vitesse d'écoulement tangentielle et la pression d'opération. La vitesse d'écoulement tangentielle est simplement le débit d'écoulement tangentiel divisé par la section du canal d'écoulement tangentiel.

I. 5. 2. 3. Prévention du colmatage

Il existe plusieurs façons de prévenir le colmatage des membranes et l'obstruction des canaux d'écoulement tangentiels des modules membranaires. La première stratégie à préconiser est une élimination préalable des matières colmatantes soit par une préfiltration soit par un traitement conventionnel. La préfiltration peut s'effectuer par une autre étape de filtration membranaire de porosité plus grossière. Par exemple, il serait possible d'utiliser une étape de MF comme prétraitement à la NF. Pour les modules spiralés de NF et d'OI, le seuil de coupure de la préfiltration varie généralement de 1 à 25 µm [135]. La deuxième stratégie concerne directement l'opération du procédé membranaire principal.

Tel que vu précédemment, il est possible de minimiser la polarisation de la concentration et donc les risques de colmatage des membranes en opérant à plus basse vitesse de perméation ou bien à plus haute vitesse d'écoulement tangentielle. Dans le premier cas, cela implique une augmentation de la surface filtrante S et dans le second cas, une augmentation de la perte de charge dans le module. Dans les usines de production d'eau potable par NF, la vitesse de perméation est habituellement située en bas de 20 $L.h^{-1}.m^{-2}$ pour limiter le colmatage.

Sans enlever les agents colmatant, il est possible aussi de modifier leur composition afin de minimiser leur effet colmatant. Dans le cas d'eaux fortement minéralisées, le pH peut être abaissé afin de déplacer les équilibres de solubilités des sels et ainsi éviter leur précipitation à la surface des membranes. Un autre moyen de minimiser le colmatage inorganique est d'ajouter un agent anti-tartre à l'eau à traiter. Dans le cas du colmatage organique, un agent chélatant comme l'acide éthylènediamine-tétra-acétique (EDTA) peut être employé pour éliminer les ions calcium libres et ceux complexés avec la MON afin d'augmenter la répulsion électrostatique entre la MON et la membrane et entre les macromolécules humiques elles-mêmes [133]. Ces réactions se traduisent habituellement par une diminution du colmatage des membranes par la MON.

Finalement, une manière simple mais qui peut s'avérer coûteuse de prévenir le colmatage irréversible des membranes, c'est-à-dire leur perte irréversible de perméabilité, est d'effectuer de fréquents nettoyages.

II. 1. Dispositif expérimental

La partie expérimentale de ce travail de recherche est réalisée sur un pilote qui comporte deux modules de filtration, un module de nanofiltration et l'autre d'osmose inverse. Ce pilote est conçu et réalisé au sein de notre laboratoire, il est utilisé pour le traitement et le dessalement des eaux saumâtres. Il est conçu de telles façons qu'on peut modifier les paramètres opératoires tels que la température, le taux de conversion et la pression.

Le pilote se compose principalement des parties suivantes :

- Une membrane d'osmose inverse,
- Une membrane de nanofiltration,
- Porte membrane,
- Bac d'alimentation
- Pompe haute pression,
- Filtre à cartouches,
- Débitmètres,
- Cadran à pression,
- Vannes,
- Capteur de conductivité et de température.

➢ Une membrane d'Osmose Inverse

La membrane d'OI utilisée dans le cadre de cette étude est la membrane de type « thin film composite» AG, conçue et fabriquée par la compagnie Osmonics. C'est une membrane composite puisqu'elle est fabriquée de deux couches de polymères différents. Sa couche active est faite en polyamide et une sous-couche en polysulfones est aussi présente pour lui conférer une résistance mécanique. Le fabriquant mentionne que la membrane AG peut travailler à une pression maximale de 30 bar (3,103 KPa) et à une température maximale de 50°C. Elle tolère très peu le chlore libre puisque la concentration maximale admise est de 1 mg.L^{-1}. De plus, elle peut tolérer une gamme de pH de 4 à 11 en opération continue et de 2 à 11,5 pour le nettoyage. Cette membrane a été développée spécialement pour le dessalement des eaux saumâtres, elle est caractérisée par un flux élevé et un excellent taux de rejet de chlorure de sodium.

Le module AG 2514 TF utilisé pour cette étude est un module de type spiral. Il a environ 64 mm de diamètre et 356 mm de long. La surface active nominale de membrane enroulée dans le module est de 0,6 m². Ce module est caractérisé par un débit de production de 0,68 m³/j. pour minimiser l'obstruction des canaux d'écoulement, un SDI inférieur à 3 est prescrit par le fournisseur. Les différentes caractéristiques de la membrane et du module d'Osmose inverse sont résumées par la figure II-1 et par les tableaux II-1 et II-2

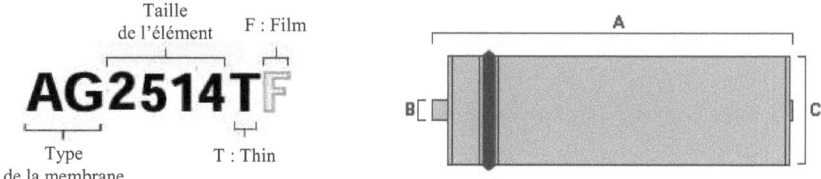

Figure II-1: Membrane d'osmose inverse.

Tableau II-1 : Principales caractéristiques de la membrane d'osmose inverse.

Modèle	Dimensions			Poids (Kg)	Débit (m³/j)	Taux de rejet (%)	Surface active (m²)	Pression d'opération typique (Bar)	Pression maximale (Bar)
AG 2514 TF	A (mm) 356	B (mm) 19	C (mm) 64	0,4	0,68	99,0	0,6	15	30

> **Une membrane de Nanofiltration**

La membrane de NF utilisée dans le cadre de cette étude est la membrane de type « thin film composite » HL, conçue et fabriquée par la compagnie Osmonics. C'est une membrane composite puisqu'elle est fabriquée de deux couches de polymères différents. Sa couche active est faite en polyamide et possède une structure asymétrique où le film membranaire de très faible épaisseur est déposé sur un support macroporeux non tissé par l'intermédiaire d'une couche liante en polysulfone pour lui conférer une résistance mécanique, ayant un seuil de coupure pour les composés organiques de masse molaire de l'ordre de 150 à 300 Daltons. Le fabriquant mentionne que la membrane HL peut travailler à une pression maximale de 30 bar (3,103 KPa) et à une température maximale de 50°C. Elle tolère très peu le chlore libre puisque la concentration maximale admise est inférieure à 0,1 mg.L^{-1}. De plus, elle peut tolérer une gamme de pH de 3 à 9 en opération et de 1 à 10 pour le nettoyage. Cette membrane a été développée spécialement pour l'adoucissement des eaux, l'élimination de la couleur et la réduction du potentiel du trihalométhanes, elle est caractérisée par un excellent taux de rejet des anions bivalents et multivalents par contre le taux de rejet des ions monovalent dépend essentiellement de la concentration et de la composition de la solution d'alimentation.

Le module HL 2514 T utilisé pour cette étude est un module de type spiral. Il a environ 64 mm de diamètre et 356 mm de long. La surface active nominale de membrane enroulée dans le module est de 0,6 m^2. Ce module est caractérisé par un débit de production maximal de 0,83 m^3/j pour minimiser l'obstruction des canaux d'écoulement, un SDI inférieur à 5 est prescrit par le fournisseur. Les différentes caractéristiques de la membrane et du module de Nanofiltration sont résumées par la figure II-2 et par les tableaux II-3 et II-4.

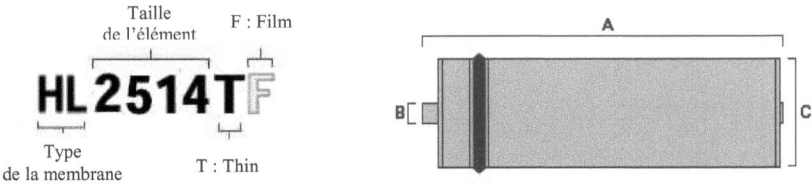

Figure II-2 : Membrane de nanofiltration.

Tableau II-2 : Principales caractéristiques de la membrane de nanofiltration.

Modèle	Dimensions			Poids (Kg)	Débit (m^3/j)	Taux de rejet (%)	Surface active (m^2)	Pression d'opération typique (Bar)	Pression maximale (Bar)
HL 2514 TF	A (mm)	B (mm)	C (mm)	0,4	0,83	98,0	0,6	7	30
	356	19	64						

➤ Porte membrane

Les membranes sont logées à l'intérieur d'une porte membrane de type 1-2514 inox 304 en acier inoxydable qui peut supporter des hautes pressions.

➤ Pompe haute pression

Les pompes haute pression représentent des postes très importants dans la conception des pilotes de dessalement, tant du point de vue de l'investissement, que celui de l'énergie électrique nécessaire à leur fonctionnement. Elles ont pour role de créer la pression nécessaire au fonctionnement de l'unité.

De ce fait, il convient d'effectuer les bons choix par une parfaite connaissance des équipements existants sur le marché et de leurs spécificités au niveau de leur principe de fonctionnement, de leur conception, des gammes de débits et de pression, des rendements, de la métallurgie et des caractéristiques dimensionnelles.

La pompe installée dans notre pilote est une pompe tournantes et auto-amorcantes fabriquée par la compagnie NU.ER.T. Elle peut etre installées dans n'importe quelle position. La force centrifuge produite par les palettes tournantes pousse le fluide dans la ligne de livraison et produit la pression positive. La déviation établie dans la pompe permet à l'utilisateur de placer la pression maximum désirée.

Les caractéristiques sont les suivantes :
- Débit : 40 à 1100 L/h
- Pression maximale : 30 bar
- L'exécution auto-amorcante dépasse une colonne d'un métre d'eau dans les conditions standard
- Température maximale du fluide pompé : 50°C.

Matériaux standard :
- Corps de la pompe : en acier inoxydable,
- Redresseur, bride et palette en graphite,
- Arbre de rotor : en acier inoxydable,
- Clapet de dérivation : en polycarbonate,
- Bride de support : en acier inoxydable,
- Joint d'axe : en caoutchouc de graphites et de nitriles.

> **Filtre à cartouches**

Les filtres à cartouches permettent d'éliminer les matières en suspension et les fines particules. Ils ont également l'avantage de jouer le rôle de mélangeur et d'obtenir ainsi une meilleure homogénéisation des produits chimiques. La taille effective des mailles du filtre à cartouches la plus recommandée est de 5µm. la vitesse de filtration est généralement de 10 à 12 m/h.

Les caissons de ces filtres sont fabriqués en polypropylène, ils peuvent satisfaire tous les besoins de capacités de filtration ainsi que les applications de haute alimentation et de lourde sédimentation. Le caisson peut être raccordé en parallèle afin d'obtenir une alimentation en proportion élevée. La construction en polypropylène garantie une compatibilité chimique excellente avec l'eau ou tout autre liquide à traiter. Il est recommandé de changer les filtres à tous les quatre mois (il y a une variation selon l'utilisation et les conditions de l'eau).

> **Débitmètres**

Les débitmètres sont utilisés pour le calcul des débits du perméat et du retentât. Ce sont des appareils de précision fabriqués en acrylique. La calibration est de 0,2 à 2 L/min. Les raccords peuvent être en PVC ou en acier inoxydable selon le modèle. La valve du centre permet le bon ajustement si la demande est pour des lectures de très basses pressions.

> **Cadran à pression**

Le cadran à pression est rempli de glycérine et indique la pression dans le système. Il est calibré par le fournisseur avec une escale en PSI/Bar. La glycérine industrielle dans les manomètres est désignée quand il y a des pulsations dans la pression occasionnées par de hautes vibrations mécaniques. Le but de la glycérine dans les manomètres est de garantir une lecture facile et précise quand le système est soumis à ces vibrations. Elle donne aussi une grande durabilité au cadran. Le cadran à pression est scellé et la glycérine ne permet pas de condensation et de corrosion atmosphérique à l'intérieur du cadran. La partie arrière permet un raccordement facile au montage.

> **Vannes**

    a. Vanne régulatrice du débit du retentât ou vanne de rejet

A sa sortie de la membrane, le retentât passe par la vanne régulatrice de débit. Ce débit sera mesuré par le débitmètre. Cette vanne permet le contrôle de la pression du retentât.

Lorsque vous resserrez cette vanne, la pression augmente. Il suffit de dresser la vanne pour abaisser la pression.

      b. Vanne de direction du perméat et du retentât

L'orientation de chaque vanne détermine la direction que prend le liquide. Les flèches présentes sur les poignées indiquent les chemins que peuvent emprunter le perméat et le retentât.

      c. Vanne d'échantillonnage

Ce sont des vannes qui permettent d'obtenir des échantillons du liquide au cours de l'opération dans des points bien particulier.

> **Capteur de conductivité et de température**

Un capteur de conductivité et de température peut être installé dans l'unité. Celui-ci indiquera la conductivité de la solution ayant traversé la membrane et par conséquent la quantité des solides dissous ayant été enlevés par le système. Un capteur de température digital vérifie et indique instantanément la température du liquide pénétrant dans la membrane.

Les différents éléments de l'installation sont montés sur un châssis mobile, permettant une certaine flexibilité d'exploitation du pilote.

Ce pilote présente l'avantage de mettre en évidence deux montages différents couplant les deux modules. Le premier montage appelé ''**Montage en série–rejet**'' consiste à faire passer le rejet du module d'Osmose Inverse vers l'alimentation du module de nanofiltration, par contre le deuxième appelée ''**Montage série–production**'' consiste à mélanger la production du module de nanofiltration avec la solution d'alimentation et le faire passer vers l'alimentation du module de nanofiltration.

Bac d'alimentation

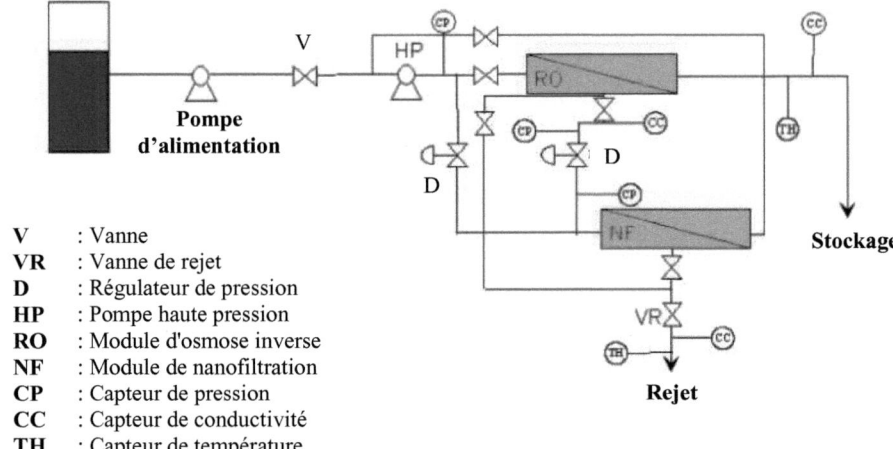

V	: Vanne
VR	: Vanne de rejet
D	: Régulateur de pression
HP	: Pompe haute pression
RO	: Module d'osmose inverse
NF	: Module de nanofiltration
CP	: Capteur de pression
CC	: Capteur de conductivité
TH	: Capteur de température

Figure II-3: Schéma du pilote pour le traitement des eaux saumâtres.

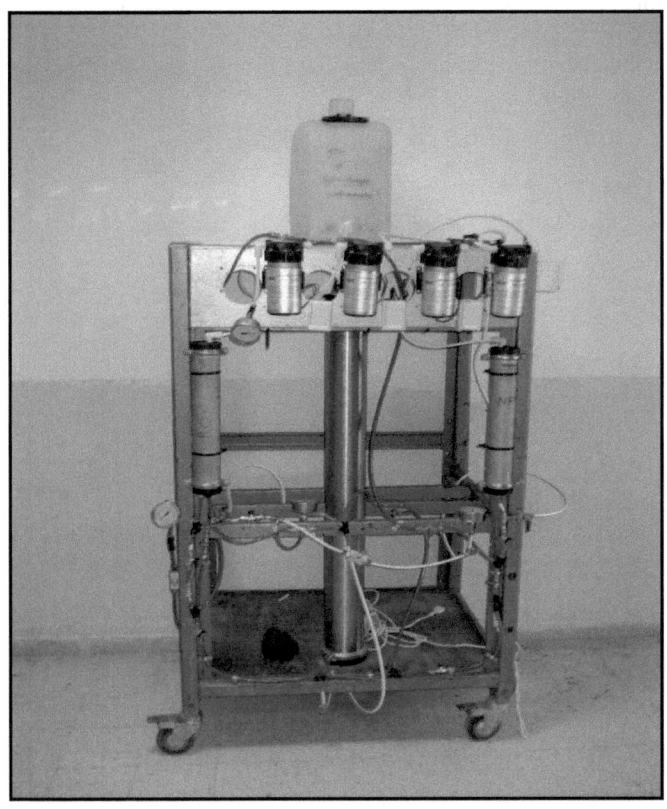

Figure II-4 : Photo du pilote pour le dessalement des eaux saumâtres.

II. 2. Techniques analytiques
II. 2. 1. Mesure de la conductivité

La mesure de la conductivité ou de la résistivité d'un électrolyte s'effectue en immergeant dans la solution à analyser une cellule de mesure comportant deux électrodes, généralement en platine platiné, dont la surface s et la distance l sont définies, et en mesurant la résistance entre ces deux électrodes. La mesure de la conductivité de l'eau donne une appréciation sur la salinité totale.

La conductivité est également fonction de la température de l'eau : elle est plus importante lorsque la température augmente.

La valeur de la conductivité est déterminée à partir de la conductance de la cellule en utilisant la relation suivante :

$$\sigma = \frac{G.l}{s}$$

Avec :

G : conductance exprimée en S (siemens)

σ : conductivité de la solution en siemens cm^{-1} (S cm^{-1})

Le tableau II.2 présente une classification des eaux en fonction de la conductivité mesurée qui nous permet de faire un jugement préliminaire de la qualité de l'eau à traiter. Dans le présent travail, nous avons utilisé un conductimètre du type Consort C832.

Tableau II-3 : Classification des eaux d'après leur conductivité [136].

Conductivité en µS.cm^{-1}	Qualité de l'eau
50 à 400	Excellente qualité
400 à 750	Bonne qualité
750 à 1500	Qualité médiocre mais eau utilisable
Plus que 1500	Minéralisation excessive

II. 2. 2. Analyse par chromatographie ionique

La chromatographie ionique est une chromatographie en phase liquide où la phase stationnaire est constituée par une trame solide insoluble dans l'eau, sur laquelle sont greffés des groupements fonctionnels ionisables. Chaque groupement est donc susceptible de donner un ion chargé positivement et un ion chargé négativement : L'un reste fixé sur la matrice, l'autre peut s'échanger avec les ions de même signe d'une solution externe.

D'un point de vue analytique, cette technique est devenue intéressante grâce aux progrès réalisés que l'on peut regrouper en quatre catégories :
- ✓ Meilleurs composants chromatographiques,
- ✓ Résines échangeuses de plus grande efficacité,
- ✓ Echantillons de faible volume,
- ✓ Détection automatique.

La chromatographie ionique désigne plus un ensemble de méthodes de dosage des espèces ioniques qu'une séparation seule. Mais la configuration la plus fréquente demeure la détection des anions couplée à une détection conductimétrique.

C'est une technique analytique qui permet l'analyse qualitative (par séparation des espèces présentes) et quantitative des espèces ioniques présentes dans un échantillon liquide.

Dans tout système chromatographique, la séparation des composés est assurée par la phase stationnaire qui, dans le cas de la chromatographie ionique est une résine échangeuse d'ions.

Cette phase stationnaire est un support solide comportant des groupes fonctionnels ionisés G (positif ou négatifs) permettant la rétention des espèces dont on désire obtenir la séparation.

On distingue deux types de résines :
- ✓ Résines cationiques : qui échangent inversiblement des cations. La réaction d'échange correspondante est la suivante :

$$\text{Résine-G}^- / X^+ + B_s^+ \leftrightarrows \text{Résine-G}^- / B^+ + X_s^+$$

- ✓ Résines anioniques : qui échangent inversiblement des anions. La réaction d'échange correspondante est la suivante :

$$\text{Résine-G}^+ / Y^- + A_s^- \leftrightarrows \text{Résine-G}^+ / A^- + Y_s^-$$

II. 2. 2. 1. Principe de la chromatographie ionique

Un faible volume de l'échantillon d'ions à analyser est injecté en tête d'une colonne remplie d'une résine cationique (pour séparer des cations) ou anionique (pour séparer des anions). L'éluant emporte les anions ou les cations à séparer. Selon que l'interaction électrostatique entre la résine de la colonne et les ions à séparer est plus ou moins forte, la séparation se fera plus ou moins facilement.

La chromatographie ionique est la méthode de référence en matière de dosage des espèces ioniques, elle est simple et fiable. Néanmoins, il faut noter les deux inconvénients majeurs de cette technique :

- ✓ Avec une configuration ionique donnée, on ne dose qu'un nombre limité de composés ioniques.
- ✓ Il faut faire attention à l'échantillon que l'on injecte. En effet, il est préférable de diluer de manière importante car la saturation de la colonne impose de nombreux rinçage pour libérer les sites actifs (ceci diminue notablement la durée de vie de la colonne). Mais d'un autre coté, une dilution trop importante peut alors "masquer" la présence d'un ion minoritaire quelconque dans une matrice d'ions fortement concentrés.

II. 2. 2. 2. Appareillage

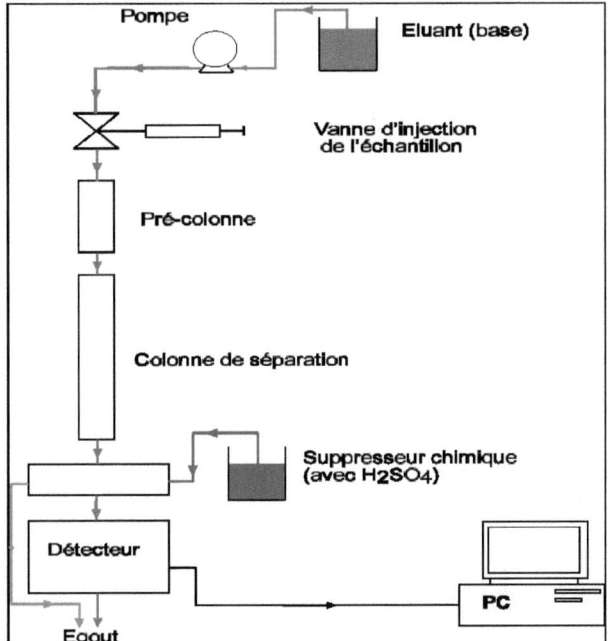

Figure II-5 : Schéma d'un appareil de chromatographie ionique.

La figure II-5 montre les différents éléments que l'on retrouve dans un appareil de chromatographie ionique:

1. Réservoir d'éluant.
2. Pompe à piston.
3. Vanne d'injection : permettant d'isoler un volume d'échantillon précis et répétable.
4. Colonne de séparation avec pré colonne.
5. Unité de suppression chimique : Ce système a été inventé par Stevens, David et Small : c'est une membrane à fibre creuse en polyéthylène sur laquelle ont été greffés des groupements sulfonique SO_3^-. L'éluant et les espèces qui proviennent de la colonne passent à l'intérieur de cette fibre alors qu'un courant d'acide sulfurique H_2SO_4 passe à l'intérieur.

6. **Détecteur conductimétrique** : Même si de nombreux détecteurs ont été développés ces dernières années, le plus courant reste le conductimètre car c'est un détecteur universel pour les substances ioniques. Ce détecteur présente l'avantage de détecter n'importe quelle substance ionique mais par contre ne peut pas détecter la présence d'eau, de méthanol et d'acides faibles.

II. 2. 2. 3. Validation de la méthode d'analyse par chromatographie ionique : Dosage des anions

a. Test de spécificité

La spécificité est la propriété d'une méthode d'analyse de convenir exclusivement à la détermination de la grandeur de l'analyte considéré, avec garantie que le signal mesuré provient seulement de ce dernier.

Afin de vérifier la spécificité de la méthode de chromatographie ionique, trois solutions étalons ont été préparées. On compare ensuite le temps de rétention de chaque élément dans ces trois solutions injectées (Tableau II-2).

- ✓ Solution N°1 : Cl^- (20 mg.L^{-1}) + SO_4^{2-} (30 mg.L^{-1})
- ✓ Solution N°2 : Cl^- (20 mg.L^{-1})
- ✓ Solution N°3 : SO_4^{2-} (30 mg.L^{-1})

Tableau II-4 : Test de spécificité : temps de rétention des anions Cl^- et SO_4^{2-}.

Echantillon	Solution N°1	Solution N°2	Solution N°3
Temps de rétention de Cl^- (mn)	4,45	4,44	-
Temps de rétention SO_4^{2-} (mn)	12,36	-	12,39

Cette méthode d'analyse peut être considérée comme spécifique car le temps de rétention de l'analyte est pratiquement le même pour chaque mesure.

b. Test de linéarité

La linéarité d'une méthode d'analyse est sa capacité, à l'intérieur d'un certain intervalle, à fournir une valeur d'information ou des résultats proportionnels à la quantité en analyte à doser dans l'échantillon.

La fonction d'étalonnage est donnée par l'équation suivante :

$$y = b_0 + b_1 x$$

Les coefficients b_0 et b_1 peuvent être calculé selon les deux équations suivantes :

$$b_1 = \frac{SPE(x,y)}{SCE(x)} \quad ; \quad b_0 = \overline{y} - b_1 \overline{x}$$

Avec :

- $SCE(x) = \sum_{i=1}^{p} \sum_{j=1}^{n} (x_{ij} - \overline{x})^2$: somme totale des carrés des écarts.

  La formule développée : $SCE(x) = \sum_{j=1}^{n_i} x_{ij}^2 - \dfrac{\left(\sum_{j=1}^{n_i} x_{ij}\right)^2}{n_i}$

- $SPE(x,y) = \sum_i \sum_j (x_i - \overline{x})(y_{ij} - \overline{y})$: somme des produits des écarts.

  La formule développée : $SPE(x,y) = \sum_{i=1}^{n} x_i y_i - \dfrac{\sum_{i=1}^{n} x_i \sum_{i=1}^{n} y_i}{n}$

- $\overline{x} = \dfrac{\sum_i \sum_j x_{ij}}{np}$ et $\overline{y} = \dfrac{\sum_i \sum_j y_{ij}}{np}$: moyenne générale.

  Avec n, nombre de répétition et p, nombre d'étalons

On peut ensuite calculer la variance résiduelle, notée $s^2(rés)$ selon l'équation :

$$s^2(\text{rés}) = \frac{\sum_{i=1}^{n}\left(\overline{y}_i - \hat{y}(x_i)\right)^2}{np - 2}$$

Où $\hat{y}(x_i)$ est la réponse prédite par le modèle pour la solution étalon x_i et on a :

$$\hat{y}(x_i) = b_0 + b_1 x_i$$

On détermine ensuite l'écart-type de la pente $s(b_1)$ et l'écart-type de l'ordonnée à l'origine $s(b_0)$ selon les équations suivantes :

$$s(b_1) = \sqrt{\frac{s^2(rés)}{SEC(x)}}$$

$$s(b_0) = \sqrt{s^2(rés)\left(\frac{1}{np} + \frac{\bar{x}^2}{SCE(x)}\right)}$$

Le test d'adéquation du model linéaire connu sous le nom de test de Fisher consiste à calculer les fonctions de linéarité et de non linéarité qui sont définit par les relations suivantes :

$$F_l = \frac{s_l^2(y)}{s_e^2(y)} \quad ; \quad F_{nl} = \frac{s_{nl}^2(y)}{s_e^2(y)}$$

et les comparés aux valeurs critiques inscrite dans la table de Fisher.

Avec :

- $s_l^2(y)$: variance de linéarité elle est définit par : $s_l^2(y) = SCE_l(y) = \dfrac{(SPE(x,y))^2}{SCE(x)}$

- $s_e^2(y)$ variance de l'erreur expérimentale donnée par la relation : $s_e^2(y) = \dfrac{SCE_e(y)}{p(n-1)}$

et $SCE_e(y) = \sum_i \sum_j (y_{ij} - \bar{y})^2$

- $s_{nl}^2 = \dfrac{SCE_{nl}(y)}{p-2}$ et $SCE_{nl}(y) = SCE(y) - SCE_l(y) - SCE_e(y)$

La règle de décision relative à ce test se fait en deux étapes :

Etape1 :

✓ Si la fonction de linéarité $F_l > F_{\alpha,1,N-p}$ ($F_{\alpha,1,N-p}$ déterminer à partir de la table de Fisher), on peut dire que la droite de la courbe d'étalonnage applique bien la méthode des moindres carrés, donc la régression est obtenue.

✓ Si $F_l < F_{\alpha,1,N-p}$, l'étalonnage n'est pas de type linéaire.

Etape 2 :

- ✓ Si la fonction $F_{nl} \leq F_{\alpha,p-2,N-p}$ ($F_{\alpha,p-2,N-p}$ valeur critique de la table de Fisher), on peut affirmer qu'il n'y a pas de courbure et le modèle détalonnage choisi est validé.
- ✓ Si $F_{nl} > F_{\alpha,p-2,N-p}$, il existe une erreur de modèle significative pour le domaine d'étalonnage choisi.

Pour vérifier le critère de linéarité, nous avons préparés 4 solutions étalons de concentrations 5, 10, 25, 50 mg.L^{-1} en chlorure. Les différentes valeurs statistiques sont rassemblées dans le tableau suivant :

Tableau II-5 : Calculs statistiques pour le test de linéarité: Analyse de Cl$^-$.

Fonction statistique	Valeurs calculées	Valeurs critiques
La pente : b_1	15,01	
L'ordonnée à l'origine : b_0	-17,69	
Fonction de linéarité F_1	2,34 10^8	9,65
Fonction de non linéarité F_{nl}	1,44	6,22
Limite de détection LD (mg.L^{-1})	0,63	
Limite de quantification LQ (mg.L^{-1})	2,12	

Les valeurs récapitulées dans le tableau II-5 montrent que la linéarité de la méthode est vérifiée dans le domaine de concentrations considérées.

c. Limite de détection

C'est la plus petite quantité d'analyte à examiner dans un échantillon, pouvant être détectée et considérée comme différente de la valeur du blanc, mais non nécessairement quantifiée. La limite de détection est donnée par la relation :

$$LD = \frac{3s(b_0)}{b_1}$$

La valeur calculée de la limite de détection est donnée dans le tableau II-5 ci-dessus.

d. Limite de quantification

C'est la plus petite quantité d'analyte à examiner dans l'échantillon, pouvant être déterminée quantitativement dans des conditions expérimentales décrites dans la méthode et est définit par :

$$LQ = \frac{10 s(b_0)}{b_1}$$

La valeur calculée de la limite de quantification est donnée dans le tableau II-5 ci dessus.

e. Vérification de l'exactitude

Pour vérifier l'exactitude de la méthode d'analyse il suffit de calculer le taux de recouvrement des neuf solutions standard selon la formule suivante :

$$\% \text{ de recouvrement} = \frac{\text{Concentration mesurée}}{\text{Concentration introduite}} \times 100$$

Le tableau suivant représente les données expérimentales.

Tableau II-6 : Test d'exactitude : Analyse de Cl^-

N° Solution	1	2	3	4	5	6	7	8	9
$[Cl^-]$ introduite (mg.L^{-1})	1	5	10	15	20	25	30	40	50
$[Cl^-]$ mesurée (mg.L^{-1})	0,95	4,77	9,86	14,42	19,52	24,78	29,55	39,11	49,89
% de recouvrement	95,0	95,4	98,6	96,1	97,6	99,12	98,5	97,8	99,8

La méthode d'analyse des ions Cl^- par chromatographie ionique est dite exacte car tous les pourcentages de recouvrement calculés appartiennent à l'intervalle [95%-105%].

f. Test de répétabilité

La répétabilité est l'étroitesse de l'accord entre des résultats d'essais indépendants obtenus par la même méthode, sur des échantillons d'essais identiques, dans le même laboratoire et par le même opérateur tout en utilisant le même équipement et pendant un court intervalle de temps.

A partir de n_i mesures répétées sur l'échantillon i, on peut calculer sa variance $s_r^2(x)$ selon l'équation :

$$s_r^2(x) = \frac{\sum_{j=1}^{n_i}\left(x_{ij} - \overline{x_i}\right)^2}{n_i - 1} \qquad \text{Avec} \quad \overline{x_i} = \frac{\sum_{j=1}^{n_i} x_{ij}}{n_i}$$

On définit l'écart type de répétabilité par : $s_r(x) = \sqrt{s_r^2(x)}$

L'écart-type relatif de répétabilité est par définition : $RSD = \frac{s_r(x)}{\bar{x}} \times 100$

Cinq solutions étalons de chlorure de même concentration (20 mg L^{-1}) ont été préparées. Les temps de rétention de chacune d'entre elles sur le même instrument et par le même opérateur sont récapitulés dans le tableau II-5.

Tableau II-7 : Test de répétabilité : Analyse de Cl$^-$.

N° Solution	1	2	3	4	5
[Cl$^-$] (mg.L^{-1})	19,712	19,935	19,824	19,501	19,461
Temps de rétention (mn)	4,45	4,46	4,45	4,44	4,44

Tableau II-8: Calculs statistiques pour le test de répétabilité : Analyse de Cl$^-$.

Ecart-type	[Cl$^-$] (mg.L^{-1})	Temps de rétention (mn)
Ecart-type de répétabilité	0,204	0,008
Ecart-type relatif de répétabilité RSD (%)	1,04	0,19

Les valeurs des écart-types relatifs de répétabilité de la méthode d'analyse utilisée pour les concentrations en chlorures mesurées ainsi que pour les temps de rétention correspondants sont inférieures à 5%. Ces valeurs trouvées confirment bien la répétabilité de la méthode.

g. Test de reproductibilité

La reproductibilité est l'étroitesse de l'accord entre des résultats d'essais obtenus par la même méthode, sur des échantillons d'essais identiques, et/ou dans différents laboratoires, et/ou par différents opérateurs, et/ou en utilisant des équipements différents à des intervalles de temps plus long.

On définit l'écart type de reproductibilité par : $s_R(x) = \sqrt{s_R^2(x)}$

On calcule la variance de reproductibilité $s_R^2(x)$ selon l'équation :

$$s_R^2(x) = s_L^2(x) + s_r^2(x)$$

Avec

- Variance de répétabilité intra niveau $s_r^2(x) = \dfrac{SCE(X)}{N(x) - p}$

- Variance de répétabilité inter niveau : $s_L^2(x) = \dfrac{(p-1)\left(\dfrac{SCE_L(x)}{p-1} - s_r^2(x)\right)}{N'}$

Sachant que :

n : nombre de répétitions par jour

p : nombre de jours

$N(x) = n \times p$ Nombre total de mesures

$SCE_L(x) = \sum_{i=1}^{p} n_i \left(\overline{x_i} - \overline{\overline{x}}\right)^2$ Somme des carrés des écarts inter niveau,

$SCE_r(x) = \sum_{i=1}^{p}\sum_{j=1}^{n_i}\left(x_{ij} - \overline{x_i}\right)^2$; $\overline{\overline{x}} = \dfrac{\sum_{i=1}^{p} \overline{x_i}}{p}$: Moyenne générale,

$$N' = \sum_{i=1}^{p} n_i - \frac{\sum_{i=1}^{p} n_i^2}{\sum_{i=1}^{p} n_i}$$

L'écart-type relatif de reproductibilté est donné par la relation suivante :

$$RSD = \frac{S_R(x)}{\overline{\overline{x}}} \cdot 100$$

Pour la vérification de la reproductibilité, le même protocole du test de répétabilité a été suivi en effectuant les mesures sur trois jours différents et par différents opérateurs. Le tableau II-7 suivant résume les résultats de l'analyse de l'ion chlorure dans des conditions de reproductibilité.

Tableau II-9: Test de reproductibilité : Analyse de Cl$^-$.

N° Solution		1	2	3	4	5
[Cl$^-$] (mg.L^{-1})	1er jour	19,712	19,935	19,824	19,501	19,461
Temps de rétention (mn)		4,45	4,46	4,45	4,44	4,44
[Cl$^-$] (mg.L^{-1})	2ème jour	18,965	19,711	19,809	19,602	19,240
Temps de rétention (mn)		4,39	4,45	4,45	4,43	4,41
[Cl$^-$] (mg.L^{-1})	3ème jour	19,923	19,774	19,945	19,124	19,004
Temps de rétention (mn)		4,45	4,45	4,46	4,44	4,43

Les calculs statistiques sont rassemblés dans le tableau qui suit :

Tableau II-10: Calculs statistiques pour le test de reproductibilité : Analyse de Cl^-.

Ecart-type	$[Cl^-]$ (mg.L^{-1})	Temps de rétention (mn)
Ecart-type de reproductibilité	0,334	0,019
Ecart-type relatif de reproductibilité RSD (%)	1,707	0,44

Les valeurs des écart-types relatifs de reproductibilité de la méthode d'analyse utilisée pour les concentrations en chlorures mesurées ainsi que pour les temps de rétention correspondants sont respectivement inférieures à 5% et à 2%. Ces valeurs trouvées confirment bien la reproductibilité de la méthode chromatographique.

Compte tenu des résultats trouvés pour les études des critères de validation de la méthode de dosage des ions chlorure dans un échantillon d'eau, on peut conclure que la procédure analytique par chromatographie ionique est validée.

h. Essais d'analyse

- **Matériels et réactifs utilisés**

L'appareil de chromatographie ionique que nous avons utilisée pour le dosage des anions est du type *761 Compact IC* comportant essentiellement :

- ❖ Une colonne Metrosep Anion Dual 2 (6.1005.300) de dimensions 4,6 x 75 mm avec des particules de 6 µm de diamètre.
- ❖ Un système de suppression chimique
- ❖ Un détecteur conductimétrique.

Les solutions préparées sont :

- ❖ Une solution éluante formée par : Na_2CO_3 (3 mmol.L^{-1})
- ❖ Une solution H_2SO_4 (0,02 mol.L^{-1}) utilisée pour la suppression chimique.

- **Conditions opératoires**

Les conditions opératoires fixées sont :

- ✓ Volume de l'échantillon : 20 µL
- ✓ Débit de la phase éluante : 0,8 mL.min^{-1}
- ✓ Température : 20 °C
- ✓ Pression : 4,4 MPa
- ✓ Durée de l'analyse : 24 min.

Les résultats obtenus sont sous forme de chromatogrammes représentant la conductivité exprimée en µS.cm^{-1} en fonction du temps de rétention en minute. La figure suivante représente un exemple de chromatogramme :

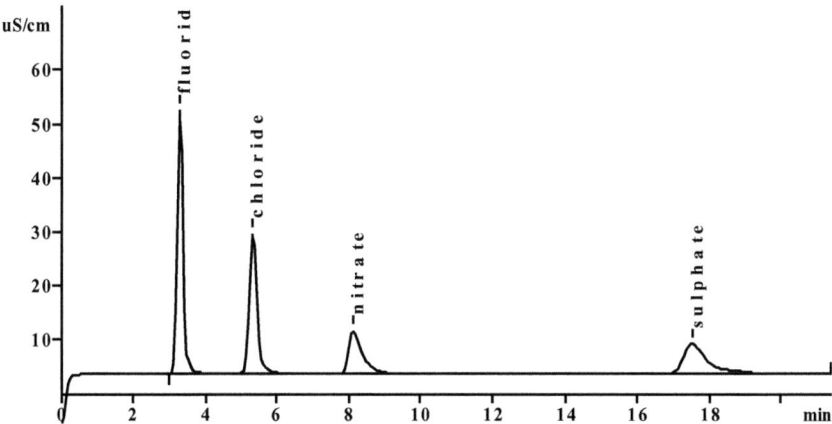

Figure II-6 : Chromatogramme d'une solution standard d'ions chlorure, nitrate, sulfate et fluorure.

II. 2. 2. 4. Validation de la méthode d'analyse par chromatographie ionique : Dosage des cations

a. Test de spécificité

Pour vérifier la spécificité de la méthode de chromatographie ionique pour le dosage des cations étudiés, nous avons préparé trois solutions étalons. On compare ensuite le temps de rétention de chaque élément dans ces trois solutions injectées.

- Solution N°1 : Na^+ (5 mg.L^{-1}) + K^+ (10 mg.L^{-1})
- Solution N°2 : Na^+ (5 mg.L^{-1})
- Solution N°3 : K^+ (10 mg.L^{-1})

Le tableau suivant donne les temps de rétention obtenus à partir de ces trois solutions.

Tableau II-11 : Test de spécificité : temps de rétention des cations K^+ et Na^+.

Echantillon	Solution 1	Solution 2	Solution 3
Temps de rétention Na^+ (mn)	3,64	3,64	-
Temps de rétention K^+ (mn)	5,26	-	5,21

Cette méthode d'analyse peut être considérée comme spécifique car le temps de rétention de l'analyte est pratiquement le même pour chaque mesure.

b. Test de linéarité

Pour vérifier le critère de linéarité, nous avons préparé 4 solutions étalons de concentrations 15, 20, 30, 50 mg L^{-1} en sodium. Les différentes valeurs statistiques sont rassemblées dans le tableau suivant :

Tableau II-12 : Calculs statistiques pour le test de linéarité: Analyse de Na^+.

Fonction statistique	Valeurs calculées	Valeurs critiques
La pente : b_1	3,53	
L'ordonnée à l'origine : b_0	-4,03	
Fonction de linéarité F_1	$1,53 \ 10^5$	8,68
Fonction de non linéarité F_{nl}	1,47	5,42
Limite de détection LD (mg.L^{-1})	0,53	
Limite de quantification LQ (mg.L^{-1})	1,77	

Les valeurs récapitulées dans le tableau II-10 montrent que la linéarité de la méthode est vérifiée dans le domaine de concentrations considérées

c. Vérification de l'exactitude

Pour vérifier l'exactitude de la méthode d'analyse il suffit de calculer le taux de recouvrement des neuf solutions standard selon la formule suivante :

$$\% \text{ de recouvrement} = \frac{\text{Concentration mesurée}}{\text{Concentration introduite}} \times 100$$

Le tableau suivant représente les données expérimentales.

Tableau II-13 : Test d'exactitude : Analyse de Na^+

N° Solution	1	2	3	4	5	6	7	8	9
[Na^+] introduite (mg.L^{-1})	5	10	15	20	25	30	35	40	45
[Na^+] mesurée (mg.L^{-1})	4,765	9.85	15,035	19,45	24,789	30,124	35,004	39,587	45,32
% de recouvrement	95,3	98,5	100,23	95,22	99,15	100,41	100,01	98,96	100,71

La méthode d'analyse des ions Na^+ par chromatographie ionique est dite exacte car tous les pourcentages de recouvrement calculés appartiennent à l'intervalle [95%-105%].

d. Test de répétabilité

Cinq solutions étalons de sodium de même concentration (5 mg L^{-1}) ont été préparées. Les temps de rétention de chacune d'entre elles sur le même instrument et par le même opérateur sont récapitulés dans le tableau II-12.

Tableau II-14 : Test de répétabilité : Analyse de Na^+.

N° Solution	1	2	3	4	5
$[Na^+]$ (mg.L^{-1})	4,823	4,946	4,935	4,612	4,572
Temps de rétention (mn)	3,642	3,63	3,642	3,665	3,495

Tableau II-15 : Calculs statistiques pour le test de répétabilité : Analyse de Na^+.

Ecart-type	$[Na^+]$ (mg.L^{-1})	Temps de rétention (mn)
Ecart-type de répétabilité	0,17	0,068
Ecart-type relatif de répétabilité RSD (%)	3,69	1,88

Les valeurs des écart-types relatifs de répétabilité de la méthode d'analyse utilisée pour les concentrations en sodium mesurées ainsi que pour les temps de rétention correspondants sont inférieures à 5%. Ces valeurs trouvées confirment bien la répétabilité de la méthode.

e. Test de reproductibilité

Pour la vérification de la reproductibilité, le même protocole du test de répétabilité a été suivi en effectuant les mesures sur trois jours différents et par différents opérateurs. Le tableau II-14 suivant résume les résultats de l'analyse de l'ion sodium dans des conditions de reproductibilité.

Les calculs statistiques sont rassemblés dans le tableau qui suit :

Tableau II-16: Test de reproductibilité : Analyse de Na^+.

N° Solution		1	2	3	4	5
$[Na^+]$ (mg.L^{-1})	1er jour	4,823	4,946	4,935	4,612	4,572
Temps de rétention (mn)		3,64	3,63	3,64	3,66	3,49
$[Na^+]$ (mg.L^{-1})	2ème jour	5,063	4,986	4,865	4,817	5,015
Temps de rétention (mn)		3,79	3,64	3,65	3,70	3,64
$[Na^+]$ (mg.L^{-1})	3ème jour	5,123	4,987	5,009	5,145	4,962
Temps de rétention (mn)		3,61	3,64	3,56	3,70	3,67

Tableau II-17: Calculs statistiques pour le test de reproductibilité : Analyse de Na^+.

Ecart-type	$[Na^+]$ (mg.L^{-1})	Temps de rétention (mn)
Ecart-type de reproductibilité	0,177	0,067
Ecart-type relatif de reproductibilité RSD (%)	3,6	1,84

Les valeurs des écart-types relatifs de reproductibilité de la méthode d'analyse utilisée pour les concentrations en sodiums mesurées ainsi que pour les temps de rétention correspondants sont respectivement inférieures à 5% et à 2%. Ces valeurs trouvées confirment bien la reproductibilité de la méthode chromatographique.

Compte tenu des résultats trouvés pour les études des critères de validation de la méthode de dosage des ions sodium dans un échantillon d'eau, on peut conclure que la procédure analytique par chromatographie ionique est validée.

f. Essais d'analyse

- **Matériels et réactifs utilisés**

L'appareil de chromatographie ionique que nous avons utilisé pour le dosage des cations est du type 761 Compact IC comportant essentiellement:

- ❖ Une colonne Metrosep Cation (6.1010.000)
- ❖ Un détecteur conductimétrique.

Les solutions préparées sont :

Une solution éluante formée par : acide tartarique (0,004 mol.L^{-1}) et acide dipicolinic (0,001 mol.L^{-1}).

- Conditions opératoires

Les conditions opératoires fixées sont :

- ✓ Volume de l'échantillon : 10 µL
- ✓ Débit de la phase éluante : 1 mL.min^{-1}
- ✓ Température : 20 °C
- ✓ Pression : 4,4 MPa
- ✓ Durée de l'analyse : 24 min

Les résultats obtenus sont sous forme de chromatogrammes représentant la conductivité exprimée en µS.cm^{-1} en fonction du temps de rétention en minute. La figure suivante représente un exemple de chromatogramme :

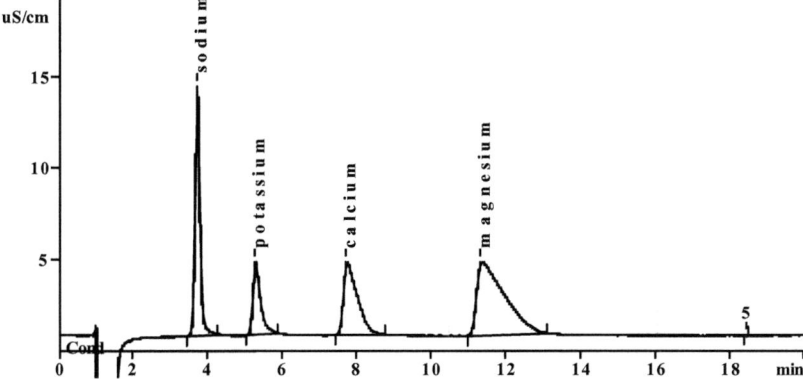

Figure II-7 : Chromatogramme d'une solution standard d'ions sodium, potassium, calcium et magnésium.

II. 2. 3. Dosage du bore

La revue bibliographique des méthodes de dosage du bore permet de distinguer [137] :
- ✓ La méthode au carmin par spectrophotométrie d'adsorption moléculaire,
- ✓ La méthode à l'azométhine H par spectrophotométrie d'adsorption moléculaire,
- ✓ La méthode de la curcumine,
- ✓ Le dosage volumétrique après distillation,
- ✓ La fluorimétrie,
- ✓ La potentiométrie,
- ✓ La chromatographie liquide,
- ✓ La spectrophotométrie d'émission à l'aide d'un générateur inductif de plasma (ICP),
- ✓ La conductimétrie,
- ✓ L'activation du neutron,
- ✓ La pH-mètrie.

II. 2. 3. 1. Choix de la méthode

Pour choisir la méthode analytique la plus convenable quelques exigences comme la teneur de l'eau en bore et le matériel disponible devraient être considérées.

La méthode potentiométrique est réservée pour des concentrations supérieures à 1 mg.L^{-1}. Pour des concentrations inférieures, sont applicables les méthodes par spectrophotométrie d'adsorption moléculaire et la méthode spectrophotométrie d'émission à l'aide d'un générateur inductif à plasma [138].

La méthode de carmin est optimale pour doser le bore entre 1et 10 mg.L^{-1} tandis que la méthode de la curcumine est recommandée pour des concentrations entre 0,1 mg.L^{-1} et 1 mg.L^{-1}.

Le dosage volumétrique après distillation est un procédé optimal lorsque l'eau contient plus de 0,2 mg.L^{-1}, est colorée ou contient des impuretés non filtrables.

Une comparaison qualitative des différentes méthodes les plus utilisées pour l'analyse du bore a été faite [137] et est donnée dans le tableau II-18.

Tableau II-18 : Comparaison des différentes méthodes d'analyse du bore [137].

Méthodes	Sensibilité	Standard	Simplicité	Rapidité	Coût	Automatisation
Spectrophotométrie avec curcumine	Elevée	oui	Moyenne	Moyenne	Moyennement bas	Non
Spectrophotométrie avec carmin	Moyenne	Oui	Moyenne	Moyenne	Moyennement bas	Non
Spectrophotométrie avec Azométhine-H	Elevée	Méthode officielle	Elevée	Moyenne	Moyennement bas	Oui
Spectrophotométrie d'adsorption atomique	Bas	Non	Moyenne	Elevée	Moyen	Oui
Fluorimétrie	Elevée	Non	Elevée	Moyenne	Moyennement bas	Oui
Spectrophotométrie d'émission	Moyenne	Non	Moyenne	Moyenne	Moyen	Non
ICP/AFS ; ICP/MS ; ICP/AES	Très élevée	ICP/AES oui	Moyenne	Elevée	Elevée	Oui
Chromatographie liquide	Elevée	Non	Moyenne	Elevée	Moyen	Oui
Activation du neutron	Elevée	Non	Moyenne	Moyenne	Elevé	Non
Potentiométrie	Moyenne	Non	Elevée	Elevée	Bas	Oui
Volumétrie	Bas	Non	Elevée	Elevée	Très bas	Oui

II. 2. 3. 2. Méthode à l'azométhine H par spectrophotométrie d'absorption moléculaire

La méthode à l'azométhine H a été proposée par Capelle depuis 1964 et a été mployée pour le dosage du bore dans les eaux naturelles.

L'azométhine-H est obtenue par condensation de l'acide 8 amino ,1 naphtol, 3-6 isulfonique et de l'aldéhyde salicylique selon la réaction suivante

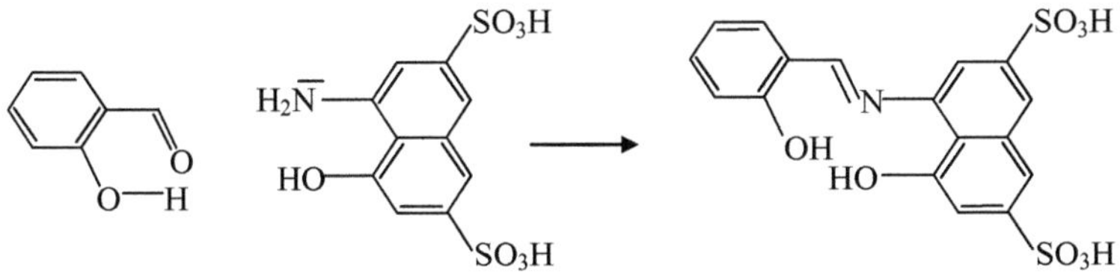

L'azométhine-H, comme toutes les solutions d'agents chélatants, doit être raîchement préparée [139,140]. De plus, le temps de stabilité de l'azométhine-H ne dépasse as les dix minutes en présence de l'oxygène et de la lumière [140] d'où la nécessité de 'ajout de l'acide ascorbique afin de retarder l'hydrolyse de l'azométhine-H. L'ajout de 'acide ascorbique se fait en milieu faiblement acide pour éviter l'interaction entre le borate t l'acide ascorbique [139] ce qui explique l'ajout de la solution tampon qui a un pH de 5,4.

En milieu faiblement acide, le bore donne avec l'azométhine-H (l'acide 8-hydroxyle-1-(salicylideneamino)-3,6-naphthalenedisulfonique) un complexe de coloration jaune se prêtant à un dosage spectrophotométrique [138].

La détermination la structure de ce complexe a fait l'objet de diverses études.

Matsuo et al [139], grâce à la RMN ^{11}B, ont pu montrer la formation d'un seul complexe azométhineH –acide borique. La réaction de formation du complexe est donnée ci-dessous.

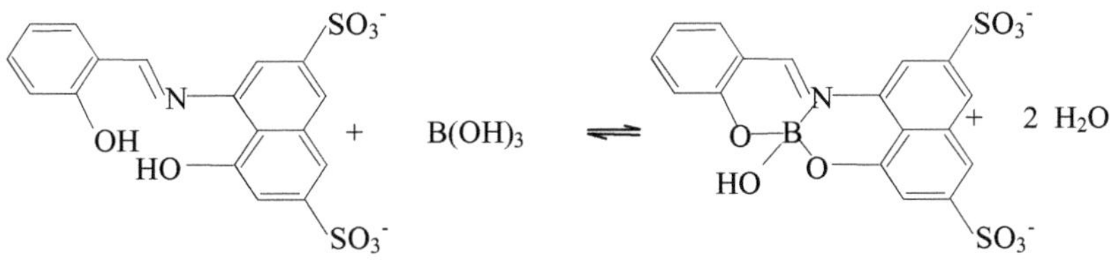

II. 2. 3. 2. Essais de dosage

a. Conditions opératoires

- Solution d'azométhine à 10 g.L^{-1}

On dissout 1grammes d'azométhine-H dans 100 mL d'eau distillée .On ajoute ensuite 2 grammes d'acide ascorbique.

Cette solution ne se conserve pas et doit être préparée juste avant l'utilisation.

- Solution tampon

On dissout 250 grammes de l'acétate d'ammonium dans 500mL d'eau distillée. On ajoute, par la suite, à cette solution 125 mL d'acide acétique 99 % .Puis on ajoute 7 grammes de sel disodique à l'acide éthylène diamine tétraacétique (Na_2 –EDTA).

- Solution étalon de bore à 100 mg.L^{-1}

On dissout 571,9 mg d'acide borique recristallisé anhydre dans 1000 mL d'eau distillée.

b. Dosage du bore par la méthode spectrophotométrique d'absorption moléculaire à l'azométhine-H

❖ **Mode opératoire**

- On introduit successivement dans un flacon en matière plastique en agitant après chaque addition de réactifs :
    - 10 mL d'eau à analyser,
    - 2,5 mL de solution d'azométhine,
    - 2,5 mL de solution tampon.
- On attend 2 heures en plaçant le flacon à l'obscurité, à une température comprise entre 20 et 25°C.
- On mesure l'absorbance de l'échantillon à une longueur d'onde λ = 420 nm avec un spectrophotomètre de type « Ultrospec 100» et une cuve de 1cm.

❖ **Choix de la longueur d'onde**

Pour fixer la longueur d'onde d'absorption maximale. On effectue des mesures d'absorbance d'une solution de bore de concentration 50 mg.L^{-1} en faisant varier la longueur d'onde.

La figure II-4 illustrant la variation de l'absorbance en fonction de la longueur d'onde montre une absorption maximale à la longueur d'onde λ_{max} = 420 nm. Cette valeur est en bon accord avec celle donnée par Rodier [138].

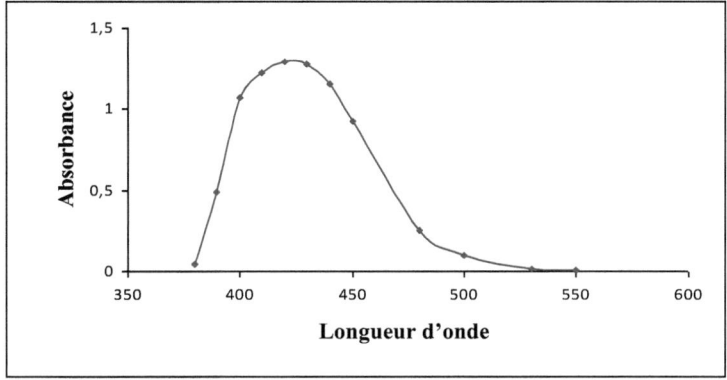

Figure II-8 : Variation de l'absorbance en fonction de la longueur d'onde.

❖ **Courbe d'étalonnage**

A partir de la solution étalon de bore à 100 g.L^{-1}, on prépare les solutions standards de concentrations : 0 ; 1 ; 2 ; 3 et 4 mg.L^{-1}. Ces solutions sont conservées dans des flacons en polyéthylène. Les essais sont répétés trois fois. L'absorbance moyenne de ces étalons est déterminée.

A partir de ces valeurs, on trace la courbe d'étalonnage (figure II-5) : Absorbance en fonction de la concentration de bore : A = f ([B]).

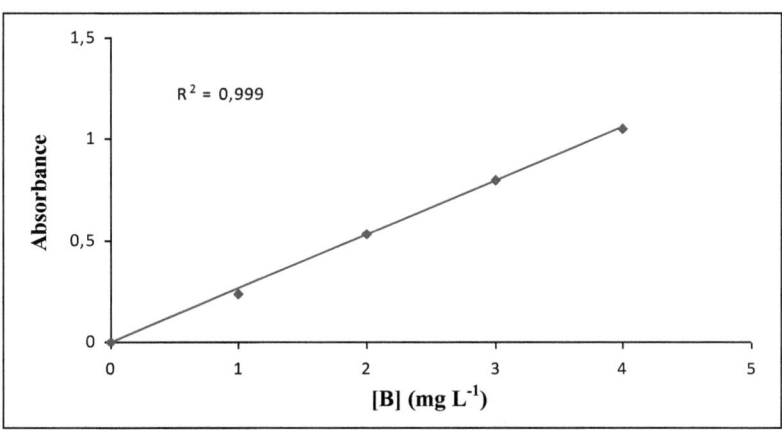

Figure II-9 : Courbe d'étalonnage de dosage du bore par la méthode spectrophotométrique à l'azométhine-H.

III. 1. Introduction

La filtration sur membrane est un procédé de séparation physique. Cette opération, qui se déroule en phase liquide, a pour objet de purifier, concentrer ou fractionner des espèces dissoutes ou en suspension dans un solvant par passage au travers d'une membrane. À l'issue de cette opération, nous obtenons d'une part le retentât, également appelé concentrât, qui est composé de molécules et/ou de particules retenues par la membrane, et d'autre part le perméat.

Dans le cas de l'osmose inverse, de la nanofiltration, de l'ultrafiltration et de la microfiltration, la force motrice est une différence de pression. Les membranes utilisées sont dites permsélectives, ce qui signifie qu'elles favorisent le transfert, du concentrât vers le perméat, de certaines molécules ou particules par rapport à d'autres. Les diamètres de pores de ces membranes diminuent progressivement lorsque l'on passe de l'ultrafiltration à la nanofiltration, puis à l'osmose inverse. Il faut toutefois noter que, dans ce dernier cas, la membrane utilisée n'est pas une membrane poreuse mais une membrane dense sans porosité apparente.

Les deux membranes d'osmose inverse (AG) et de nanofiltration (HL) utilisées dans nos travaux de recherches sont des membranes composées d'une couche mince, ou couche active, ou encore peau, de faible épaisseur, comprise entre 0,1 et 1,5 mm, comportant des micropores. Cette couche active est supportée par une ou plusieurs couches, à la fois plus poreuses et mécaniquement plus résistantes. C'est la couche mince qui contrôle le passage sélectif des substances.

Il est couramment admis que la sélectivité et la perméabilité des membranes d'osmose inverse résultent des effets récurrents dus à la solubilité et à la diffusion des substances dans le matériau membranaire. Ainsi, chaque constituant du milieu traité, solvant ou soluté, se dissout plus ou moins dans le matériau de la peau. Ensuite, les molécules ou ions dissous diffusent au travers du matériau de la couche mince sous l'action de la force motrice de transfert due au gradient de pression, essentiellement hydrostatique [141].

En général, l'étape de dissolution est prépondérante, déterminant la nature des substances qui pourront traverser la membrane. Par exemple, dans le cas des membranes perméables à l'eau, la sélectivité est directement liée à la facilité d'hydratation des ions.
Comme l'eau est un solvant polaire, les ions sont plus solvatés que les molécules ou que les substances neutres. Par suite, ces dernières franchiront plus difficilement la membrane. De même, les ions divalents, dont l'énergie d'hydratation est supérieure à celle des ions monovalents, auront plus de difficulté à passer que ces derniers. C'est aussi pourquoi, en

solution aqueuse, certaines substances, dont l'ionisation dépend du pH, pourront être, ou non, arrêtées. Mais d'autres critères peuvent être utilisés, comme les paramètres de solubilité [142].

Les domaines de température, de pH et de pression utilisables pour les membranes d'osmose inverse sont surtout fonction de la nature de la couche active. Ainsi la théorie de transfert qui s'explique relativement bien dans le cas de l'osmose inverse est la théorie de solubilisation diffusion qui considère que le transfert ne dépend pas de la dimension des particules mais de leur solubilité dans le milieu membranaire. Par contre, la nanofiltration qui est une technique de séparation relativement récente intermédiaire entre l'osmose inverse (utilisant des membranes denses) et l'ultrafiltration (mettant en œuvre des membranes poreuses) ; implique deux mécanismes différents de transfert de soluté, tous deux agissent séparément, mais de façon additive, sur le transfert. Le premier mécanisme, semblable à celui de l'osmose inverse, est de type diffusionnel, il est indépendant du débit de solvant et de la pression, il ne dépend que du gradient de concentration de part et d'autre de la membrane [36-38]. Le second mécanisme correspond à un entraînement sélectif des solutés par le solvant à travers la membrane : la convection [39-41]. La nanofiltration s'est développée grâce à l'amélioration des matériaux membranaires [143-145]. En effet les membranes de nanofiltration existantes présentent un seuil de coupure pour les composés organiques allant de 300 à 1000 daltons de masse molaire [61, 63, 146, 147], correspondant à un diamètre de pore de l'ordre du nanomètre. Ces membranes présentent une sélectivité spécifique de séparation pour les espèces ioniques, avec une forte rétention globale pour les sels minéraux à faible concentration, avec tout de même une rétention plus faible des ions monovalents que les ions bivalents.

III. 2. Caractérisation des deux membranes utilisées

La détermination des caractéristiques d'une membrane a pour objectif d'aider au choix de celle-ci pour une application donnée, mais aussi d'acquérir une meilleure compréhension de l'évolution de ses performances en cours d'utilisation, de comprendre les mécanismes d'interaction et d'essayer d'en ressortir des lois de comportement. En revanche, peu d'informations sont disponibles sur les caractéristiques des membranes, car les fabricants ne les communiquent pas pour des raisons bien compréhensives de protection de leur secret de fabrication.

Il existe de nombreuses méthodes de caractérisation, mais elles doivent être appliquées à chaque nouvelle membrane dont la structure est susceptible d'être différente. Il est donc difficile d'utiliser les données de la littérature et il est nécessaire de passer par l'expérimentation.

Lors du choix d'une membrane, les caractéristiques structurales et de transfert (perméabilité hydraulique et courbe de sélectivité) sont les plus importantes car elles nous renseignent sur les performances de la membrane pour une séparation choisie : débit de perméat que nous pouvons espérer et taille des molécules qui sont susceptibles d'être retenues par la membrane. Interviennent également, dans le choix des membranes, les propriétés physico-chimiques et chimiques de surface (charge, caractère hydrophile-hydrophobe, composition chimique) qui permettent, dans une certaine mesure, de prédire les phénomènes de colmatage et les interactions entre les différents types de molécules à la surface de la membrane. De plus, elles peuvent avoir un rôle dans les mécanismes de transfert.

III. 2. 1. Détermination de la perméabilité à l'eau

La perméabilité à l'eau notée L_p est l'une des caractéristiques de membranes les plus étudiées. Elle est obtenue par la mesure du débit du perméat en fonction du temps et de la pression transmembranaire appliquée. Le flux de solvant (J_v) étant calculé par unité de temps (h) et de surface membranaire (m^2). Le solvant choisi est en général l'eau pure.

Les membranes de nanofiltration utilisées en séparation liquide peuvent couramment être considérées comme des milieux poreux idéaux, même si elles ont un caractère bidimensionnel marqué. Cela se traduit par une proportionnalité entre le flux obtenue J et la différence de pression appliquée ΔP, qui s'écrit selon la loi de Darcy :

$$J_{solvant} = \frac{\Delta P}{\mu \cdot R_m} = L_p \cdot \Delta P$$

Dans le cas des membranes d'Osmose Inverse, qui sont des membranes denses, il n'y a plus d'effet de convection, et le solvant traverse la membrane par diffusion. Ce mode de transfert est modélisé par la loi de transfert de solvant, qui n'est autre que la loi de Darcy modifiée. Dans ce modèle, la pression appliquée contribue dans un premier lieu à combattre la pression osmotique puis à générer un flux à travers la membrane.

$$J_{solvant} = \frac{\Delta P - \Delta \pi}{\mu \cdot R_m} = L_p (\Delta P - \Delta \pi)$$

La perméabilité à l'eau (L_p) qui donne une première information sur la membrane est exprimée en (L.h^{-1}.m^{-2}.bar^{-1}). Elle n'est mesurée qu'une fois le flux de perméat stabilisé.

a) Protocole expérimental

Les membranes AG et HL ont été conservées pendant 24 h dans de l'eau ultra pure pour éliminer les produits de conservation.

La perméabilité à l'eau des deux membranes est obtenue par la mesure du débit de perméat en fonction de la pression transmembranaire appliquée.

b) Résultats

Le flux de perméat est mesuré lors de la filtration d'une eau ultra pure, à des pressions transmembranaires comprises entre 6 et 25 bars, par les deux membranes AG et HL. Les résultats de la figure III.1 montrent que le flux de perméat est proportionnel à la pression appliquée et nous obtenons une droite qui passe par l'origine; ce qui est en accord avec la loi de Darcy. Le résultat trouvé par la membrane AG n'est pas surprenant puisque nous travaillons avec une eau ultra pure et par suite la pression osmotique sera négligeable. D'où la perméabilité de la membrane à l'eau peut être déterminée à partir de la pente de la droite $J_v = f(\Delta P)$.

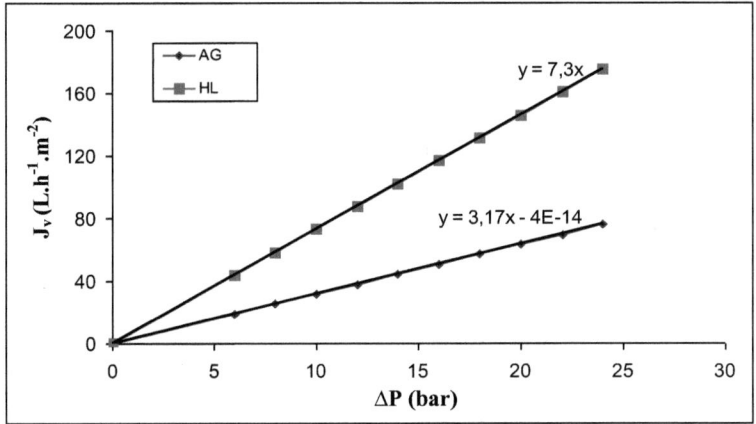

Figure III-1 : Mesure de la perméabilité à l'eau pure des deux membranes à 25°C.

Les valeurs des perméabilités obtenues, à 25°C, sont les suivantes :

$$L_p \text{ (OI: AG2514TF)} = 3,17 \text{ L.h}^{-1}.\text{m}^{-2}.\text{bar}^{-1}$$

$$L_p \text{ (NF: HL2514TF)} = 7,3 \text{ L.h}^{-1}.\text{m}^{-2}.\text{bar}^{-1}$$

Ces deux valeurs seront considérées comme une référence dans la suite de notre travail de recherche, la vérification systématique de L_p permet de rendre compte de l'effet de la concentration de polarisation et du colmatage pouvant survenir pendant les essais

Les résultats montrent que la perméabilité à l'eau des deux membranes AG et HL présente une différence de 4 unités, qui peut être attribuée à la différence des caractéristiques de ces deux membranes. En effet, la membrane HL étant plus perméable que la membrane AG. Cet écart de perméabilité pourrait être attribué à la différence des seuils de coupure.

La perméabilité à l'eau pure des deux membranes a été aussi mesurée à différentes températures. Les courbes des flux de perméat en fonction des pressions transmembranaires ont été tracées pour les températures fixées à 15, 20 et 25°C (figure III-2 et III-3).

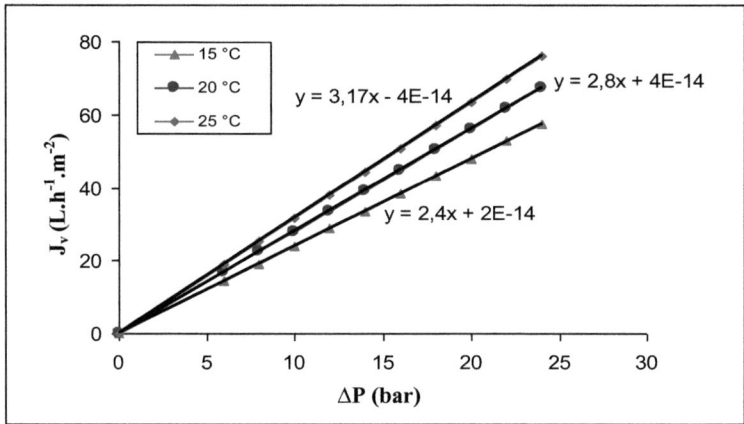

Figure III-2 : Mesure de la perméabilité à l'eau pure de la membrane AG à différentes températures.

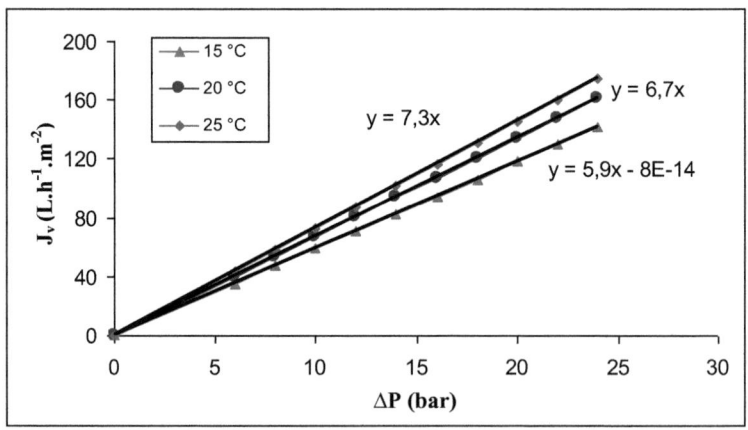

Figure III-3 : Mesure de la perméabilité à l'eau pure de la membrane HL à différentes températures.

Les figures III-2 et III-3 montrent que la perméabilité à l'eau pure d'une membrane augmente avec la température de l'eau. En fait, la viscosité de l'eau diminue lorsque sa température augmente et cela nécessite une plus faible force motrice pour obtenir le même débit de perméat. En plus de l'effet de la viscosité, qui est explicable par la loi de Darcy, la température a un effet sur la structure de la matrice polymériques du matériau membranaire. Cela est explicable par la théorie de volume libre [26]. Le volume des pores diminuerait un peu en présence d'eau froide réduisant ainsi d'avantage la perméabilité des membranes.

III. 2. 2. Détermination de la charge des membranes

L'étude des transferts de solutés à travers les membranes nécessite la connaissance de la nature de leur charge. En effet, la plupart des membranes acquièrent une charge électrique, lorsqu'elles sont mises au contact d'une solution aqueuse, par le biais de plusieurs mécanismes possibles. Ces mécanismes comprennent la dissociation de groupements fonctionnels (sulfonique, amide et/ou acide carboxylique), l'adsorption des ions ou de molécules en solution. Cette charge de surface a une influence sur la distribution des charges (ions) dans la solution adjacente : les ions portant une charge opposée à celle de la surface membranaire sont attirés tandis que ceux qui ont la même charge sont repoussés. Par conséquent, la connaissance de la charge de la membrane est importante pour décrire les performances de rétentions.

La charge de la membrane est généralement quantifiée par la mesure du potentiel zêta (ζ) [77, 148-152]. Il peut être mesuré par potentiel d'écoulement [148-151], ou par mobilité électrophorétique [77, 80, 152].

Dans une étude récente sur la caractérisation de la charge de plusieurs types de membranes, Norberg et al. [74] confirment que les membranes de type thin-film composite, (TFC) portent généralement une charge négative qui permet de minimiser l'adsorption des composés colmatant chargés négativement et d'augmenter la rétention des sels ionisés dans l'eau. Cette charge négative est principalement due aux groupements carboxyliques, déprotonés à pH neutre (Figure III-4).

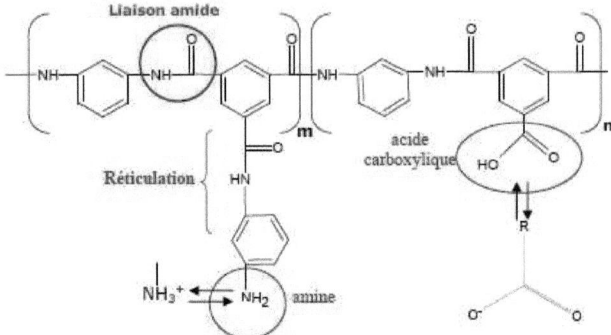

Figure III-4 : La molécule de polyamide et ses équilibres acido-basiques

Les valeurs du potentiel zêta mesurées pour les membranes AG et HL par Norberg et al. [74] sont respectivement de l'ordre de -10,8 mV et -8 mV indiquant ainsi que les deux membranes utilisées sont chargées négativement.

Les travaux de recherches effectuées par Peeters et al. [153] indiquent que le comportement des membranes vis-à-vis de la rétention des sels NaCl, CaCl$_2$ et Na$_2$SO$_4$ peuvent être classifié en deux catégories principales :

> - Les membranes pour les quelles le modèle d'exclusion de Donnan joue un rôle important sur la rétention, dans ce cas soit la membrane est chargée négativement et la séquence de rétention est la suivante $R_{Na_2SO_4} > R_{NaCl} > R_{CaCl_2}$: soit elle est positive et la séquence de rétention est : $R_{CaCl_2} > R_{NaCl} > R_{Na_2SO_4}$,
> - Les membranes pour les quelles la rétention a été déterminée par la différence des coefficients de diffusion entre les différents sels et la séquence de rétention est la suivante : $R_{Na_2SO_4} > R_{CaCl_2} > R_{NaCl}$

Afin de savoir dans quelle catégorie se placent les membranes AG et HL, nous avons préparé trois solutions de sels: NaCl, CaCl$_2$ et Na$_2$SO$_4$ à différentes concentrations chacune. Les concentrations utilisées sont : 10^{-3}, 5.10^{-3} et 10^{-2} mol.L^{-1}. Ensuite, nous avons étudié la rétention de ces trois sels sur les deux membranes en fonction de leurs concentrations. Les résultats de cette étude sont présentés sur les figures III-5 et III-6.

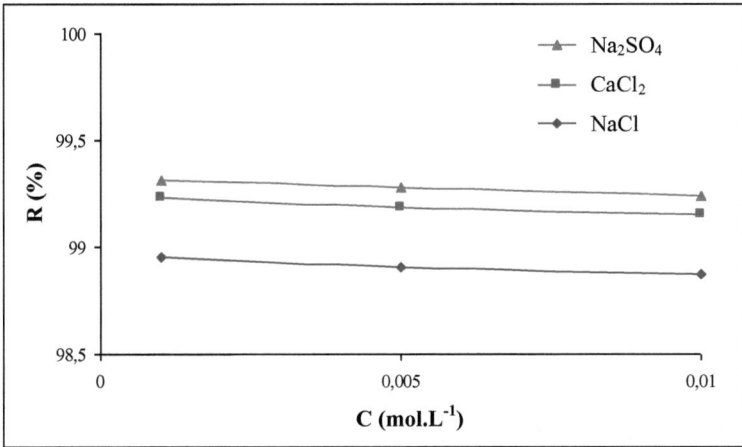

Figure III-5 : Variation du taux de rétention des sels en fonction de la concentration d'alimentation pour la membrane AG.

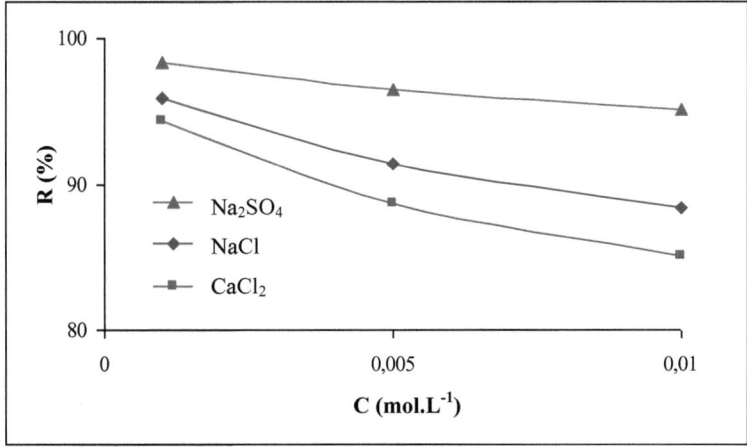

Figure III-6 : Variation du taux de rétention des sels en fonction de la concentration d'alimentation pour la membrane HL.

Nous constatons d'après les figures III-5 et III-6 que les deux membranes AG et HL, présentent des séquences de rétention différentes.

Pour la membrane AG la séquence est la suivante :

$$R_{Na_2SO_4} > R_{CaCl_2} > R_{NaCl}$$

Cette séquence de rétention montre que la membrane AG appartient à la catégorie où l'ordre de rétention est déterminé par les coefficients de diffusion des sels. Comme le montre le tableau III-1, le coefficient de diffusion D diminue allant de NaCl, CaCl$_2$ à Na$_2$SO$_4$.

Tableau III-1 : Coefficients de diffusion de quelques électrolytes [153].

Electrolyte	D (10^{-9} m^2.s^{-1})
NaCl	1,61
CaCl$_2$	1,45
Na$_2$SO$_4$	1,23

Ainsi, le sel ayant la plus faible diffusion montre le coefficient de rétention le plus élevé, et le plus grand coefficient de diffusion indique la plus faible rétention.

L'étude de rétention de sels simples montre bien que le transfert de matière à travers les membranes d'osmose inverse est correctement représenté par le modèle de solubilisation diffusion [154].

Pour la membrane HL la séquence de rétention est la suivante :

$$R_{Na_2SO_4} > R_{NaCl} > R_{CaCl_2}$$

Ainsi, la membrane HL appartient à la catégorie où l'exclusion de Donnan joue un rôle important dans le mécanisme de rétention des sels.

On peut donc conclure que : $R_{Na^+} > R_{Ca^{2+}}$ et $R_{SO_4^{2-}} > R_{Cl^-}$

Ceci est un comportement typique d'une membrane chargée négativement [74, 112, 155]. Ce comportement s'explique par la création d'une force de répulsion exercée par la membrane chargée négativement sur les anions et d'une force d'attraction exercée par la même membrane sur les cations. La force de répulsion est d'autant plus élevée que la charge de l'anion est plus grande et la force d'attraction est d'autant plus élevée que la charge du cation est plus grande. Ainsi, la membrane HL est chargée négativement et par suite des interactions de type électrostatiques participent également au transfert [156].

Il a été mentionné dans le chapitre I (I. 3. 2. 3.) que le caractère hydrophile de la surface membranaire est un paramètre très important puisqu'il conditionne les interactions soluté-membrane et solvant-membrane. Il peut également jouer un rôle sur ses propriétés de séparation, favorisant alors le passage de l'eau et des composés polaires. Dans de nombreuses applications, l'efficacité des membranes hydrophiles est supérieure à celle des membranes hydrophobes. Le caractère hydrophile/hydrophobe d'une membrane est déterminé en réalisant des mesures d'angle de contact. Le liquide classiquement utilisé pour cela est de l'eau.

Il existe plusieurs méthodes pour la détermination de l'angle de contact :

- Méthode de la goutte déposée,
- Méthode de la bulle captive,
- Balance de mesure d'ascension capillaire.

Les mesures des angles de contacts ont été effectuées par Norberg et al. [74] en utilisant la méthode de la bulle captive. Les valeurs trouvées pour les membranes AG et HL sont respectivement de 50,3° et 51,6°. Ces deux valeurs étant inférieures à 90°, indiquant que les deux membranes AG et HL sont hydrophiles.

III. 2. 3. Caractérisation structurale

Différents méthodes de caractérisation ont été développées pour accéder à des informations sur la structure des membranes. Parmi ces méthodes on distingue les techniques microscopiques comme la microscopie à force atomique (AFM) et la microscopie électronique à balayage (MEB). Ces techniques renseignent sur la topologie des surfaces, la rugosité et la taille des pores. Dans cette étude, on s'est limité à la caractérisation structurale des deux membranes par la microcopie à force atomique.

III. 2. 3. 1. Principe de la microscopie à force atomique (AFM)

Les analyses par microscope à force atomique (AFM) permettent d'évaluer les propriétés physiques de la surface des membranes. Le principe du microscope à force atomique (AFM) se base sur les interactions entre l'échantillon et une pointe à extrémité métallique de l'ordre d'une dizaine de nm de rayon placée sur un levier flexible, l'AFM enregistre les interactions entre les atomes de la pointe et ceux de la surface à analyser. Il se produit soit une attraction, appelée force de Van der Waals, soit une répulsion (à très faibles distances). Ces forces provoquent des déplacements de la pointe, entraînant des déviations du levier. La mesure de la flexion du levier permet de reconstruire point par point la topographie de la surface explorée. Il existe trois modes d'utilisation de l'AFM :

- ✓ Le mode contact,
- ✓ Le mode non-contact,
- ✓ Le mode contact intermittent dit Tapping.

III. 2. 3. 2. Résultats

L'appareil AFM utilisé pour l'analyse est de type NanoScope IIIa de la société Digital Instruments. Les analyses sont effectuées sur des coupons de membrane plane. Les échantillons ne nécessitent aucun traitement préalable avant analyse, ils sont simplement fixer avec du scotch double face sur un disque plat en acier. Les analyses sont effectuées en mode Tapping qui consiste à balayer la surface de l'échantillon à l'aide d'une pointe qui oscille avec une fréquence proche de 300 KHz. Le contact avec la surface est réalise lorsque la pointe atteint l'amplitude d'oscillation maximale.

Les différentes images obtenues sont les suivantes :

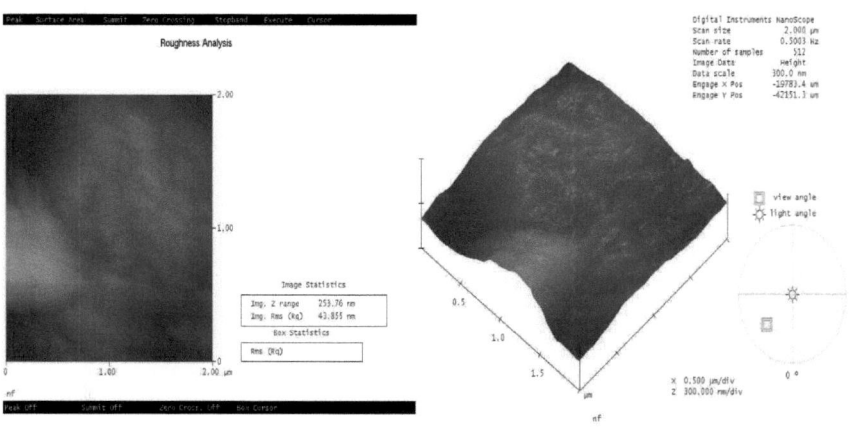

Figure III-7 : Image AFM plane et en 3D de la membrane HL

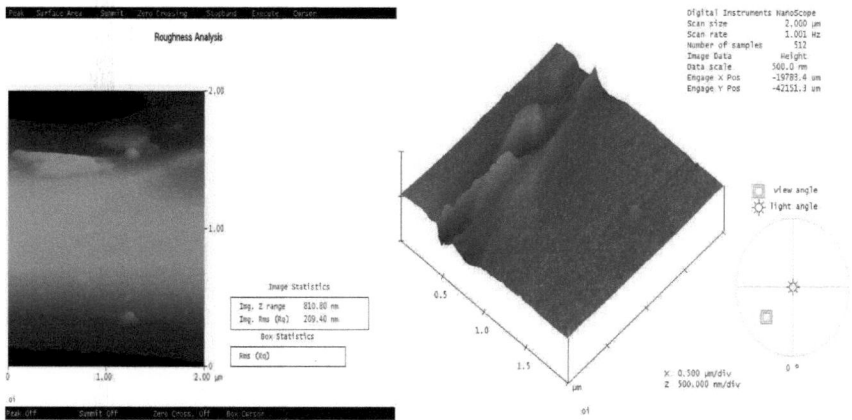

Figure III-8 : Image AFM plane et en 3D de la membrane AG

On constate que les deux membranes présentent à priori différentes morphologies. La membrane HL a une surface plus lisse que la membrane AG et présente une rugosité très faible. Ainsi la rugosité est un autre paramètre permettant d'évaluer l'état de surface de la membrane, en quantifiant les indentations à sa surface. La rugosité est un paramètre important puisqu'il influe sur le phénomène de colmatage de la membrane, elle est définie comme la moyenne arithmétique ou quadratique des hauteurs des déviations par rapport au plan central [74]. Les valeurs des rugosités des membranes AG et HL sont respectivement de 209,4 nm et 43,85 nm. Ainsi la membrane AG est la plus rugueuse et par suite, elle est la plus sensible au colmatage par rapport à la membrane HL.

III. 2. 4. Etudes des paramètres de transfert des membranes AG et HL

Après avoir déterminé les propriétés physico-chimiques des deux membranes, une étude complémentaire a été effectuée pour déterminer les paramètres de transfert (rétention des ions monovalents et divalents, flux de diffusion et de convection) qui sont déduits à partir du modèle phénoménologique de Kedem et Katchelsky. Ce modèle, détaillé dans le chapitre I, décrit le transport d'ions à travers une membrane par la thermodynamique des systèmes irréversibles afin de rendre compte du couplage entre le flux de solvant et le flux de soluté.

Le flux de soluté donné par l'équation 12 dans le chapitre I apparaît comme la somme d'un terme de diffusion et d'un terme de convection :

$$J_S = J_{diff} + J_{conv}$$

Avec :

$$J_{diff} = P_S(C_0 - C_P)$$
$$J_{conv} = (1-\sigma)J_V C_m = J_V C_{conv}$$

D'où :

$$J_S = J_{diff} + L_P(\Delta P - \sigma \Delta \pi)C_{conv}$$

Or d'après le principe de conservation de masse :

$$J_S = J_V C_P$$

Il est alors possible d'écrire la concentration du perméat de la manière suivante :

$$C_P = J_{diff}\left(\frac{1}{J_V}\right) + C_{conv}$$

où J_{diff} est le flux de soluté transporté par diffusion et C_{conv} la concentration de soluté dans le perméat du à la convection.

Ainsi en portant la concentration d'un soluté dans le perméat C_p en fonction de l'inverse du flux de perméat J_V on obtient une droite dont l'ordonnée à l'origine permet de connaître la concentration dans le perméat due à la convection et la pente permet de déterminer le flux dû à la diffusion. Cette représentation permet de distinguer et de quantifier expérimentalement les deux types de flux. En effet, à partir des valeurs de C_{conv}, il est possible de déterminer le seuil de coupure d'une membrane, avec un sel donné en utilisant l'équation suivante [157] :

$$C_{conv} = C_0 \left[1 - \left(\frac{M}{Sc}\right)^{\frac{1}{3}}\right]^2$$

Avec M la masse molaire du soluté et Sc le seuil de coupure de la membrane.

Dans le but de définir les performances et de mieux comprendre le comportement des membranes, elles sont caractérisées par la mesure du taux de rejet défini par l'équation suivante :

$$TR(\%) = (1 - \frac{C_p}{C_a}) \cdot 100$$

Les tests de filtration préliminaire ont été effectués avec le chlorure de sodium et le sulfate de sodium à la même concentration 10^{-1} mol/L pour des pressions d'alimentation comprises entre 10 et 25 bar. Les figures III-9 et III-10 présentent la variation du taux de rétention en fonction de la pression d'alimentation.

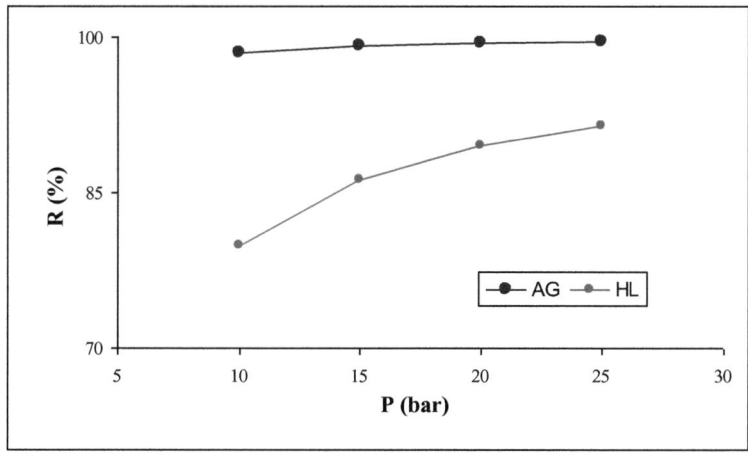

Figure III-9 : Evolution du taux de rétention des ions monovalents en fonction de la pression d'alimentation.

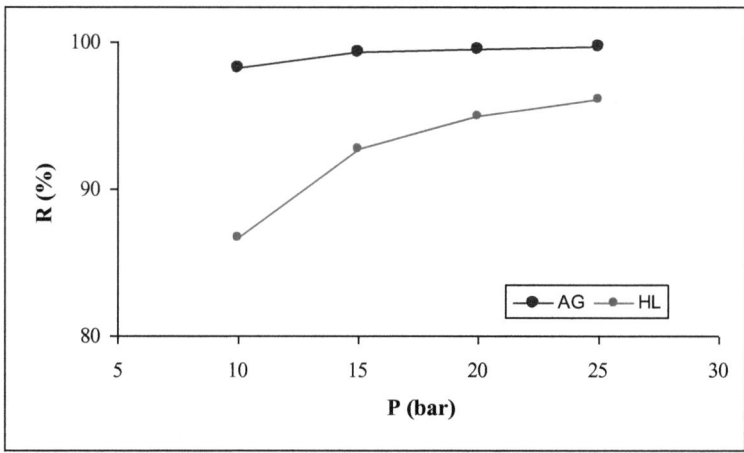

Figure III-10 : Evolution du taux de rétention des ions bivalents en fonction de la pression d'alimentation.

Les courbes des figures III-9 et III-10 montrent une nette différence entre les deux membranes étudiées ; comme on pouvait s'y attendre celle qui présente la rétention de NaCl et de Na_2SO_4 la plus importante est la membrane AG. La variation de la rétention de cette membrane en fonction de la pression d'alimentation est non significative. Pour la membrane HL, nous observons une augmentation des taux de rétention dans le cas de Na_2SO_4 et dépassant les 85% contre des valeurs ne dépassant pas les 80% dans le cas de NaCl pour une pression de 10 bar. Cette observation n'est pas surprenante puisque ces membranes présentent une sélectivité spécifique de séparation pour les espèces ioniques, avec une rétention plus faible des ions monovalents que les ions bivalents.

Pour déterminer expérimentalement les valeurs du flux de diffusion J_{diff} et de la concentration C_{conv} de soluté entraînée sélectivement par convection, nous présenterons la concentration du perméat C_p en fonction de l'inverse du flux $1/J_v$ pour les deux sels, à deux concentrations différentes 10^{-1} et 10^{-3} mol.L^{-1} (Figures III-11 et III-12).

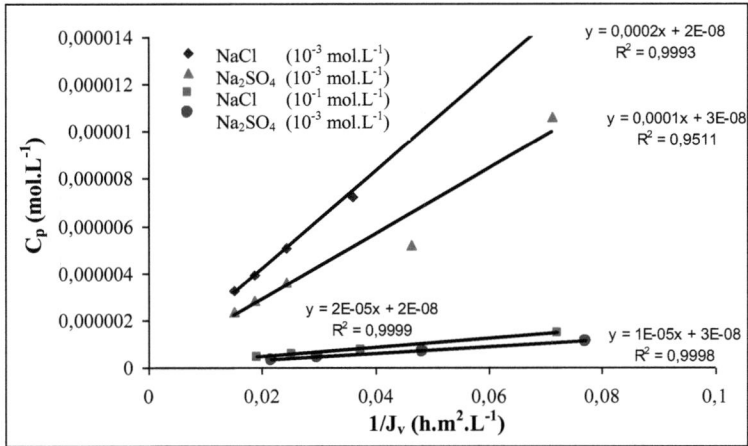

Figure III-11 : Variation de C_p en fonction de $1/J_v$ pour la membrane AG, Y = 10%.

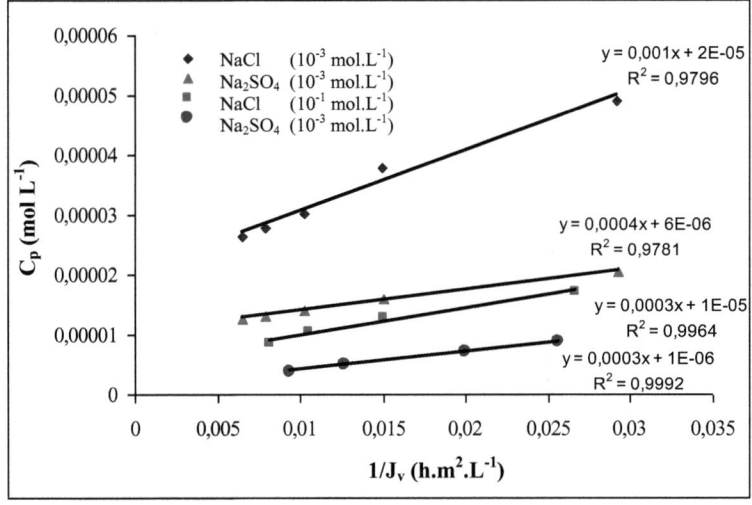

Figure III-12 : Variation de C_p en fonction de $1/J_v$ pour la membrane HL, Y = 10%.

Les courbes obtenues sont des droites linéaires et vérifient bien la théorie. Ces droites permettent de déterminer expérimentalement les valeurs du flux de diffusion J_{diff} et la concentration de soluté entraînée sélectivement par convection C_{conv} pour les deux membranes. Le tableau III-2 résume les résultats de cette étude.

Tableau III-2 : Valeurs de C_{conv} et J_{diff} obtenues pour les membranes HL et AG pour les deux sels NaCl et Na$_2$SO$_4$ à deux concentrations 10^{-3} et 10^{-1} mol.L^{-1}, Y = 10%.

Concentration (mol.L^{-1})		10^{-3}		10^{-1}	
Sel	Membrane	C_{conv} (mol.L^{-1})	J_{diff} (L.h^{-1}.m^{-2})	C_{conv} (mol.L^{-1})	J_{diff} (L.h^{-1}.m^{-2})
NaCl	HL	2.10^{-5}	10^{-3}	10^{-5}	$3 \cdot 10^{-4}$
NaCl	AG	2.10^{-8}	2.10^{-4}	2.10^{-8}	2.10^{-5}
Na$_2$SO$_4$	HL	6.10^{-6}	4.10^{-4}	10^{-6}	3.10^{-4}
Na$_2$SO$_4$	AG	3.10^{-8}	10^{-4}	3.10^{-8}	10^{-5}

D'après ce tableau, nous constatons que pour la membrane AG où le transport est purement diffusionnel, les valeurs de C_{conv} pour les deux sels sont pratiquement nulles. On observe en revanche que la pente, caractéristique du phénomène de diffusion, est plus importante pour la membrane HL et ceci pour les deux sels. Ces résultats confirment bien que les membranes de nanofiltration impliquent deux mécanismes différents de transfert de soluté, tous deux agissent séparément, mais de façon additive sur le transfert.

A partir des valeurs de C_{conv}, il est possible, en utilisant la relation suivante :

$$C_{conv} = C_0 \left[1 - \left(\frac{M}{Sc}\right)^{\frac{1}{3}}\right]^2$$

de déduire le seuil de coupure des membranes, tout particulièrement pour l'électrolyte Na$_2$SO$_4$. Toutefois les valeurs les plus pertinentes sont celles obtenues à faible concentration là où la rétention de Na$_2$SO$_4$ est la plus élevée (>90 %) c'est-à-dire la plus proche des conditions classiques de détermination du seuil de coupure. Les valeurs des seuils de coupures obtenues pour les deux membranes HL et AG sont respectivement 180 Da et 145 Da. Nous remarquons ainsi que le seuil de coupure de la membrane AG est plus faible que celui de la NF. Cet ordre est en bonne corrélation avec les propriétés convectives de ces deux membranes.

III. 3. Application au dessalement des eaux saumâtres

Pour les pays dont les ressources en eaux sont limitées, les procédés d'osmose inverse et de nanofiltration s'avèrent de bons procédés de dessalement des eaux naturelles afin de les rendre aptes à leur utilisation en agriculture ou à la consommation humaine [93-95].

Pour cela nous avons procédé au dessalement d'une eau saumâtre synthétique dont l'analyse physicochimique est rassemblée dans le tableau III-3.

Tableau III-3 : Analyse physico-chimique de l'échantillon d'eau saumâtre.

	Eau saumâtre synthétique (7 g/L)
pH	7,9
Conductivité (μS/cm)	9265
TDS (mg/L)	7025,4
Na^+ (mg/L)	2152
K^+ (mg/L)	77,4
Mg^{2+} (mg/L)	258,8
Ca^{2+} (mg/L)	82,4
Cl^- (mg/L)	3870,6
Br^- (mg/L)	13,4
HCO_3^- (mg/L)	28,4
SO_4^{2-} (mg/L)	542,4

Dans cette partie, nous nous attacherons essentiellement à comprendre l'influence des conditions opératoires (pression et taux de conversion) sur les performances des deux membranes HL et AG (flux de perméat et taux de rétention).

Plusieurs prélèvements du perméat ont été récupérés à chaque manipulation et ensuite analysés par les techniques analytiques appropriées.

III. 3. 1. Influence de la pression transmembranaire

III. 3. 1. 1. Sur le flux de perméat

Les Figures III-13 et III-14 présentent la variation du flux de perméat J_v pour les membranes HL et AG en fonction de la pression transmembranaire ΔP aussi bien pour l'eau ultrapure que pour l'eau saumâtre.

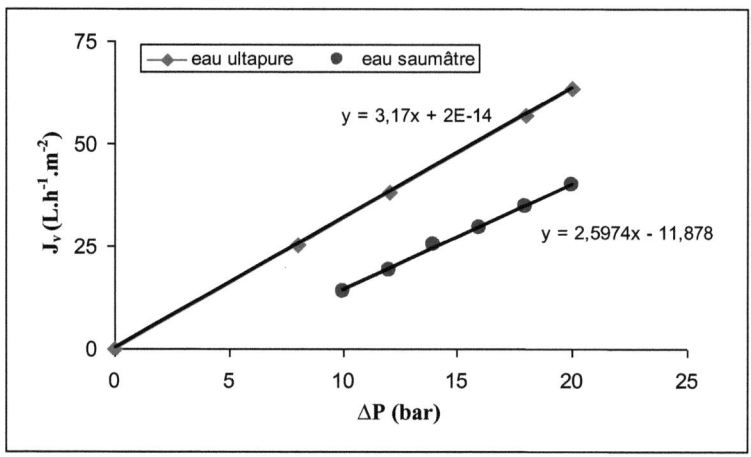

Figure III-13 : Evolution du flux de perméat en fonction de la pression transmembranaire pour la membrane AG.

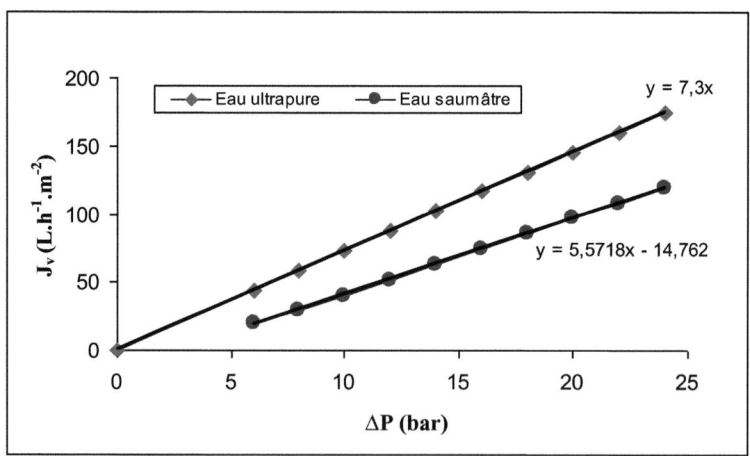

Figure III-14 : Evolution du flux de perméat en fonction de la pression transmembranaire pour la membrane HL.

Nous remarquons que le flux de perméat varie linéairement avec la pression transmembranaire. Ces deux figures nous permetttent d'observer l'influence de la pression osmotique $\Delta\pi$ à partir de la comparaison entre la courbe relative à l'eau ultrapure et celle relative à l'eau saumâtre. En effet, il est à remarquer que la première courbe passe par l'origine tandis que la seconde est déviée vers les hautes pressions. Cependant, la perméabilité L_P n'est pas constante. Elle diminue lorsque la concentration de la solution augmente [158]. Les coefficients de perméabilité au solvant pour l'eau ultrapure et celle de l'eau saumâtre sont égaux respectivement à 3,17 et 2,6 $L.h^{-1}m^{-2}.bar^{-1}$ pour la membrane AG, par contre pour la membrane HL, ils sont égaux à 7,3 et 5,57 $L.h^{-1}m^{-2}.bar^{-1}$.

En effet, l'augmentation de la concentration en sel de la solution engendre une augmentation de la pression osmotique côté retentât, provoquant une diminution de la pression efficace qui est égale à ($\Delta P-\Delta\pi$). Sans augmentation de pression transmembranaire pour la contrer, le flux diminue [121]. D'autre part, l'augmentation de la concentration peut accentuer le colmatage par gélification ou précipitation des solutés [95].

III. 3. 1. 2. Sur le taux de rétention

Les figures III-15 et III-16 présentent les résultats d'analyse des perméats des membranes AG et HL récupérés suite à l'application d'une pression transmembranaire variant entre 10 et 30 bar pour la membrane AG et entre 5 et 20 bar pour la membrane HL. Ces résultats sont obtenus à partir du calcul des taux de rétention correspondants.

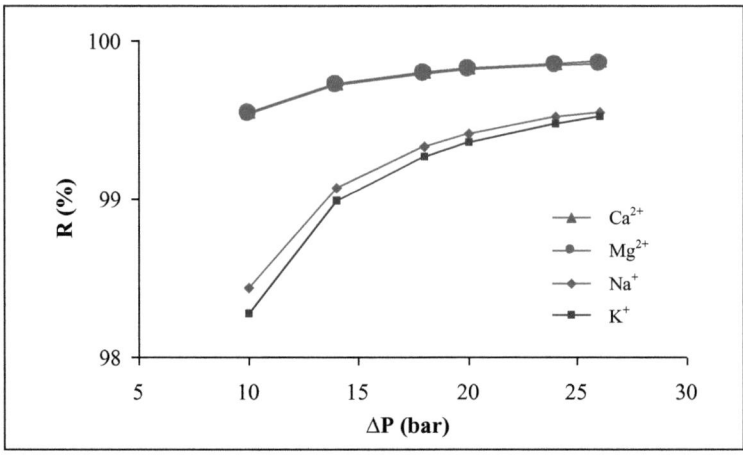

Figure III-15-a : Influence de la pression transmembranaire sur la rétention des cations majeurs par la membrane AG.

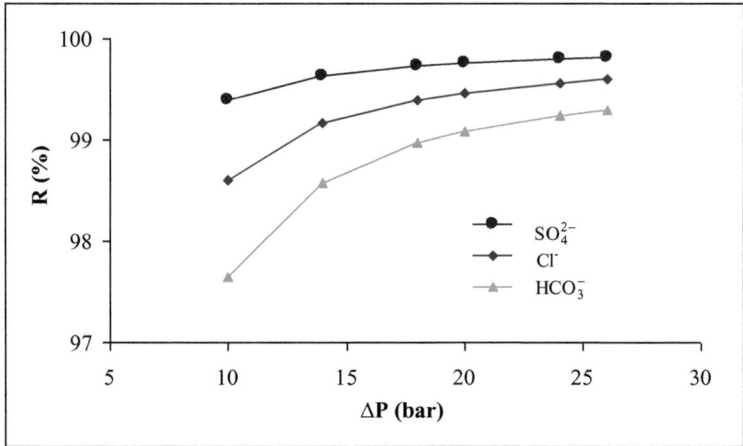

Figure III-15-b : Influence de la pression transmembranaire sur la rétention des anions majeurs par la membrane AG.

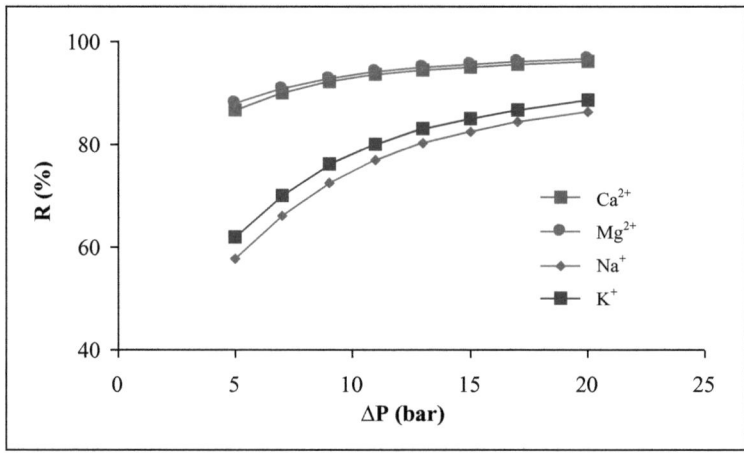

Figure III-16-a : Influence de la pression transmembranaire sur la rétention des cations majeurs par la membrane HL.

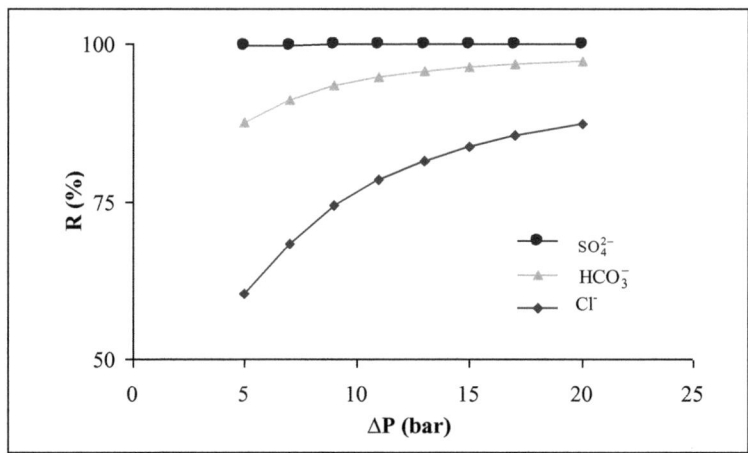

Figure III-16-b : Influence de la pression transmembranaire sur la rétention des anions majeurs par la membrane HL.

D'après les figures III-15-a, III-15-b, III-16-a et III-16-b, nous constatons que l'augmentation de la pression transmembranaire a pour effet l'amélioration des taux de rétention des différents ions, c'est-à-dire une diminution de la concentration dans le perméat et une augmentation dans le retentât. En effet, le transfert d'eau augmente avec la pression, le soluté se partage dans un volume de solvant plus important, et par conséquent le perméat sera moins concentré.

En effet, le flux de soluté (sel) à travers la membrane est :

$$J_s = B.\Delta C \qquad (1)$$

Avec

J_s : flux de sel à travers la membrane, B : perméabilité de la membrane au sel et ΔC : différence de concentration en sel de part et d'autre de la membrane.

Soient C_a la concentration de la solution d'alimentation qui arrive sur la membrane et C_p la concentration du perméat. L'équation (1) s'écrit : $J_s = B.\Delta C = B (C_a - C_p)$.

Le principe de conservation de masse nous permet d'écrire :

$$J_s = J_v C_p$$

Avec

$$J_v = L_p (\Delta P - \Delta \pi)$$

D'où l'expression du taux de rétention R :

$$R = \frac{L_p(\Delta P - \Delta \pi)}{L_p(\Delta P - \Delta \pi) + B} \qquad (2)$$

L'équation (2) montre que le taux de rétention d'une membrane augmente lorsque la pression efficace ($\Delta P - \Delta \Pi$) augmente et tend vers l'unité lorsque la pression efficace tend vers l'infini. En fait, l'expérience montre que cela n'est pas tout à fait le cas. En effet, il y a en général couplage des flux de solvant (eau) et de soluté (sel), ce qui veut dire que, lorsque la pression efficace augmente, le débit de soluté augmente aussi. Il résulte de cela que le taux de rétention ne tendra pas vers 1 (100%) pour les hautes pressions, mais plutôt vers une valeur asymptotique inférieure à l'unité [159, 160].

Bien que l'augmentation de la pression transmembranaire améliore la rétention des solutés, elle ne doit pas générer des flux de perméat supérieurs à 50 $L.h^{-1}.m^{-2}$ pour la membrane AG et 60 $L.h^{-1}.m^{-2}$ pour la membrane HL, d'après les recommandations des fournisseurs, afin d'éviter un colmatage trop rapide de la membrane.

Pour cela, et d'après les figures illustrant le flux de perméat en fonction de la pression transmembranaire, les valeurs de ΔP = 25 bar et ΔP = 15 bar ont été retenue en tant que pressions transmembranaires optimales respectivement pour les membranes AG et HL.

III. 3. 2. Influence du taux de conversion

Après avoir déterminé les pressions transmembranaires optimales pour le dessalement de cette eau saumâtre, nous nous intéressons à l'étude de l'effet du taux de conversion sur le flux de perméat et sur le taux de rétention à ΔP = 25 bar pour la membrane AG et à ΔP = 15 bar pour la membrane HL.

La Figure III-17 illustre la variation du flux de perméat en fonction du taux de conversion pour les deux membranes AG et HL.

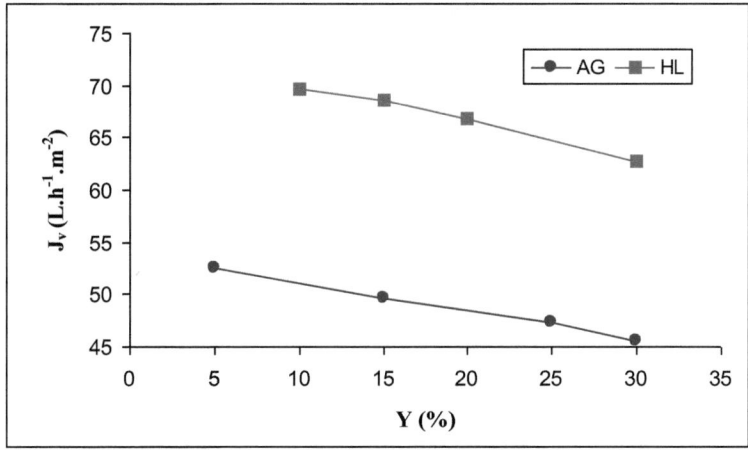

Figure III-17 : Influence du taux de conversion sur le flux de perméat pour les membranes AG et HL.

Les figures III-18-a, III-18-b, III-19-a et III-19-b présentent la variation des taux de rétentions des différents anions et cations pour chaque taux de conversion appliquée.

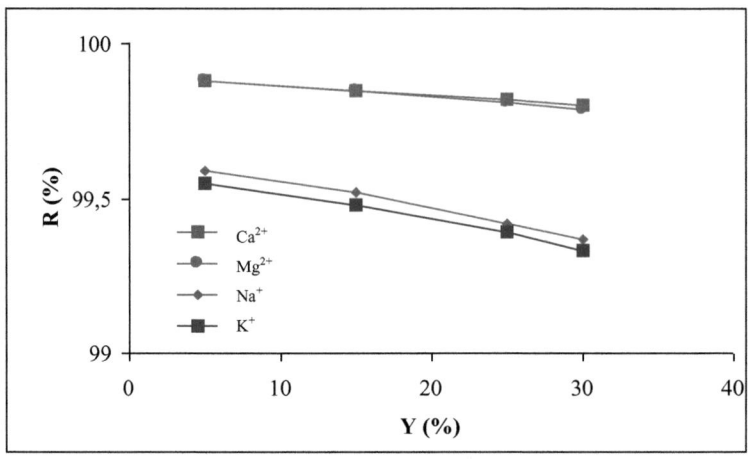

Figure III-18-a : Effet du taux de conversion sur la rétention des cations majeurs par la membrane AG.

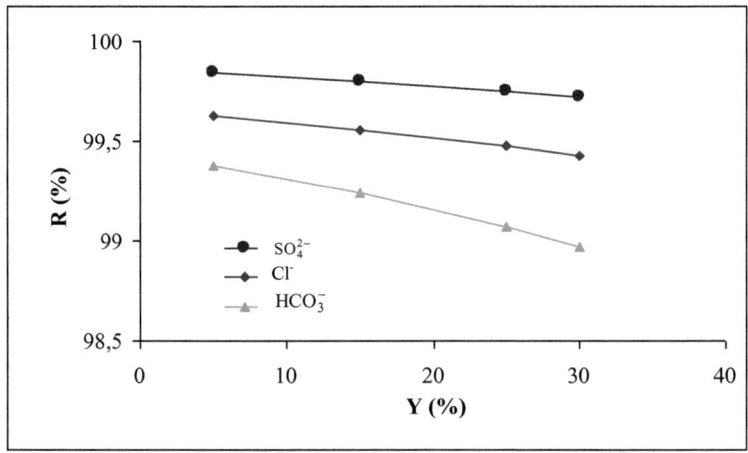

Figure III-18-b : Effet du taux de conversion sur la rétention des anions majeurs par la membrane AG.

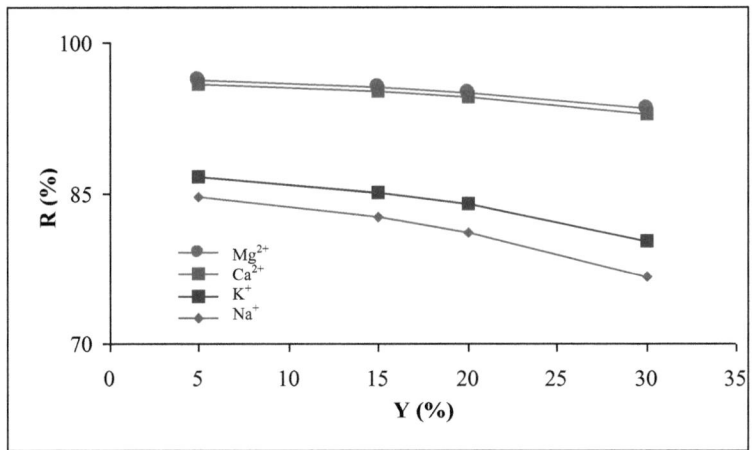

Figure III-19-a : Effet du taux de conversion sur la rétention des cations majeurs par la membrane HL.

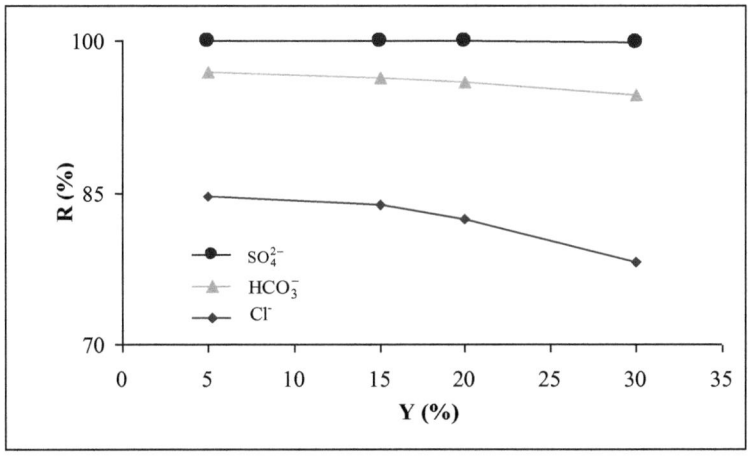

Figure III-19-b: Effet du taux de conversion sur la rétention des anions majeurs par la membrane HL.

Ces quatres figures montrent que l'augmentation du taux de conversion provoque une faible à moyenne diminution du taux de rétention de tous les ions.

Cette diminution s'explique par l'accroissement du phénomène de polarisation de concentration. Le débit du perméat diminue avec l'élévation du taux de conversion (figure III-17) et la concentration des ions à côté de la membrane dans le compartiment de la solution à traiter devient importante. Une augmentation de la concentration au voisinage de la membrane se traduit par une augmentation de la concentration dans le perméat, et par conséquent une diminution du taux de rétention.

En effet, le choix de la valeur du taux de conversion résulte d'un compromis entre des considérations économiques et des considérations techniques :

- Du point de vue économique, on a en effet intérêt à adopter un taux de conversion le plus élevé possible, de manière à diminuer la quantité d'eau brute entrant dans l'installation, d'où des investissements plus faible et une consommation d'énérgie réduite.
- Du point de vue technique, un taux de conversion élevé a pour conséquence une concentration côté retentât plus importante d'où des risques de précipitation des sels peu solubles et une augmentation de la salinité de l'eau produite.

Dans le cas des eaux saumâtres, où l'on cherche en général à récupérer le maximum d'eau, le taux de conversion est limité par la solubilité de certains sels. Les sels de calcium, peu solubles, sont les premiers en cause. Connaissant leurs concentrations dans l'alimentation, il est indispensable de calculer leurs concentrations dans le rejet en fonction de la conversion souhaitée et d'évaluer le risque de précipitation.

La méthode adoptée est la suivante :

- On fait l'hypothèse d'une conversion Y, et par suite d'un facteur de conversion FC ;
  Avec :

$$FC = \frac{1}{1-Y}$$

- On suppose que la température de l'eau n'évolue pas entre l'entrée et la sortie du module d'Osmose et que la concentration du sel étudié augmente du facteur FC dans le rejet.

Considérons le cas d'un sel très répandu, le sulfate de calcium, la concentration en sulfates dans le rejet est :

$$[SO_4^{2-}]_R = FC \cdot [SO_4^{2-}]_A$$

Avec :

$[SO_4^{2-}]_A$ est la concentration en sulfates dans l'alimentation

De même :

$$[Ca^{2+}]_R = FC \cdot [Ca^{2+}]_A$$

Le produit des concentrations du sulfate de calcium dans le rejet est :

$$PS_R = [Ca^{2+}]_R [SO_4^{2-}]_R = [Ca^{2+}]_A [SO_4^{2-}]_A FC^2$$

On compare ensuite la valeur PS_R au produit de solubilité K_s du sulfate de calcium dans les conditions du rejet, on note :

- Si $PS_R < K_s$: pas de précipitation de $CaSO_4$, la conversion choisie peut être retenue ;
- Si $PS_R > K_s$: il y a risque de précipitation. Dans ce cas il faut reprendre le calcul en partant d'une conversion plus basse.

A fin de prévoir le risque de précipitation du $CaSO_4$, nous allons suivre le produit de solubilité de ce dernier dans le rejet pour différents taux de conversion, sachant que le produit de solubilité de sulfate de calcium à 25°C est de $6,1.10^{-5}$. Le tableau III.3 illustre les résultats de cette étude.

Tableau III-4 : Produit de solubilité en fonction du taux de conversion.

Y (%)	30	50	55	56	57	58	60
FC	1,42	2	2,22	2,27	2,32	2,38	2,5
$10^4 \cdot [Ca^{2+}]_R$ (mol.L^{-1})	29,252	41,2	45,732	46,81	47,79	49,03	51,5
$10^4 \cdot [SO_4^{2-}]_R$ (mol.L^{-1})	80,23	113	125,43	128,4	131,08	134,47	141,25
$10^5 \cdot PS_R$	2,35	4,65	5,73	6,01	6,26	6,59	7,27

D'après ce tableau, nous constatons qu'à partir d'un taux de conversion de 57 %, le prodiut PS_R est supérieur au produit de solubilité de $CaSO_4$, d'où la possibilité de la formation d'un dépôt de sel et par suite le risque de colmatage de la membrane. Ainsi, le choix du taux de conversion sera limité à 56 % dans le cas des deux membranes.

Ce choix du taux de conversion n'est pas adéquat avec les considérations économiques citées précédemment. Dans ce cadre, nous avons opté pour l'étude des performances de quelques couplages membranaires, dans le dessalement des eaux saumâtres afin de juger la possibilité d'améliorer la qualité du perméat recueilli et de minimiser au maximum le colmatage des membranes.

III. 4. Couplage des procédés membranaires

III. 4. 1. Introduction

Le procédé d'osmose inverse n'est pas toujours efficace employé seul. Il fait de plus en plus partie intégrante de systèmes de procédés, en particulier pour les effluents complexes. Au lieu d'utiliser une seule opération unitaire dans des conditions drastiques permettant d'obtenir la qualité de perméat souhaitée, il est parfois plus intéressant de coupler plusieurs opérations fonctionnant dans des conditions optimales et permettant d'atteindre le même but de manière plus douce.

L'ajout systématique et indispensable d'un système de prétraitement n'est pas considéré comme un couplage. Cette étape de prétraitement, sur filtre à cartouche ou à manche, permet d'éliminer les particules qui endommageraient les pompes et les membranes. De même, le prétraitement de l'effluent (ajustement du pH, ajout de séquestrants anti-tartre...) n'entre pas dans la catégorie « couplage ».

Cependant, pour éviter les problèmes de colmatage de la membrane, ce prétraitement doit parfois être approfondi. Une étape de coagulation/floculation/filtration peut être ajoutée en amont de l'osmose inverse pour éliminer les particules et colloïdes [94, 119]. L'ultrafiltration (UF) est également beaucoup employée [161, 162].

Dans d'autres cas, l'osmose inverse est considérée comme le post-traitement d'un autre procédé comme la nanofiltration (NF) [163] ou l'UF [120]. Elle peut alors être conduite à des pressions moins élevées et avec moins de risque de colmatage [122] pour retenir les ions monovalents et les petites molécules organiques.

Pour parfaire la déminéralisation de l'eau, en vue par exemple d'une utilisation en chaudière, un passage du perméat sur résines échangeuses d'ions peut être effectué en sortie du procédé d'osmose inverse [161]. Lorsqu'il est riche en gaz dissous comme l'ammoniac [164], le perméat peut être dégazé avec un contacteur à membrane.

Le retentât aussi peut nécessiter un deuxième traitement. Par exemple, un retentât riche en antibiotiques peut être concentré plus fortement par ultrafiltration pour favoriser la cristallisation et la récupération du produit à haute valeur ajoutée [165]. Dans d'autres cas, sa concentration par évaporation et cristallisation [166], peut permettre de le rejeter en tant que déchet solide.

L'osmose inverse est parfois intégrée à d'importants systèmes de procédés. Par exemple, un enchaînement oxydation, filtration sur double média, adsorption sur charbon actif, ultrafiltration, désinfection par des rayons ultraviolets (UV), osmose inverse et dégazage a été mis en place pour traiter un effluent d'usine pétrochimique [167]. Le perméat est utilisé comme eau de dilution pour les solutions de régénération des résines échangeuses d'ions. Un couplage réacteur à membrane/osmose inverse est effectué pour traiter les lixiviats de décharge [168]. Un couplage clarification/électrodialyse inversée (EDI)/UF/OI/désinfection par UV permet de recycler des eaux agricoles en irrigation [169].

Pour le dessalement des eaux de mer et des eaux saumâtres par osmose inverse il y a des membranes disponibles aujourd'hui qui sont assez efficaces du point de vue flux et rejet de sel. Cependant il y a des nécessités définies pour améliorer leurs performances à longs termes.

La stabilité chimique est un souci critique non seulement durant l'opération mais aussi pendant le cycle de lavage ; de plus la polarisation de concentration et le colmatage des membranes jouent un rôle très important.

En effet, l'efficacité des membranes d'OI a été largement augmentée lorsque ces opérations sont apparues ces dernières années en tant qu'une voie efficace pour l'enlèvement des matières en suspension et des contaminants organiques dans les étapes de prétraitement. En plus la NF est utilisée aujourd'hui dans la désinfection et l'enlèvement des matières organiques et des métaux due à leur capacité d'éliminer efficacement des composé organiques dissout et des ions bivalents. Les membranes de NF sont d'intérêt important de point de vue satisfaction de la qualité d'eau standard. L'élimination des étapes de prétraitement conventionnel conduit à la diminution des coûts et conduit à la réduction des dimensions de l'unité.

Leslie et al. [170] ont rapporté sur la réduction des coûts de l'opération et de la maintenance pour le traitement de l'eau pour augmenter la production d'eau potable de 39 % lorsque la MF ou l'UF remplace le prétraitement conventionnel de l'OI. L'élimination des étapes de floculation, clarification, recarbonatation et de filtration conduit à des coûts moins élevés au niveau chimique et énergétique et à une réduction des dimensions de l'unité.

Turby [171] a montré que le prétraitement par UF augmente le flux d'OI de 20 % par rapport au prétraitement conventionnel. De plus, l'UF ou la MF conduit à une réduction significative des coûts de l'OI.

Drioli et al. [172] ont couplé différents procédés membranaires entre eux et ont montré que la présence de la NF comme étape de prétraitement permet d'augmenter le taux de conversion de l'unité d'OI jusqu'à 50%.

L'objectif de cette étude est la contribution à l'étude des performances des deux couplages choisis entre une membrane de nanofitration et une membrane d'osmose inverse

III. 4. 2. Couplage OI/NF

Si la problématique posée par le colmatage des membranes est ancienne, prévoir et adapter les conditions de filtration pour réduire au maximum le colmatage reste essentiel pour un meilleur contrôle du procédé. Dans ce cadre, nous avons essayé de réaliser deux couplages différents entre l'osmose inverse et la nanofiltration, à savoir le couplage parallèle OI/NF avec re-circulation et le couplage série OI/NF.

III. 4. 2. 1. Couplage parallèle OI/NF avec re-circulation

Le couplage parallèle OI/NF avec re-circulation consiste à intégrer la membrane de nanofiltration comme étape de prétraitement des eaux saumâtres. Après fonctionnement des différentes pompes la solution d'alimentation se divise en deux parties, une partie passe à travers la membrane de nanofiltration, dont la production de cette dernière sera injectée dans l'alimentation et la deuxième partie passe à travers la membrane d'osmose inverse (Figure III-20). Ainsi, ce couplage assure une dilution en continue de la solution d'alimentation.

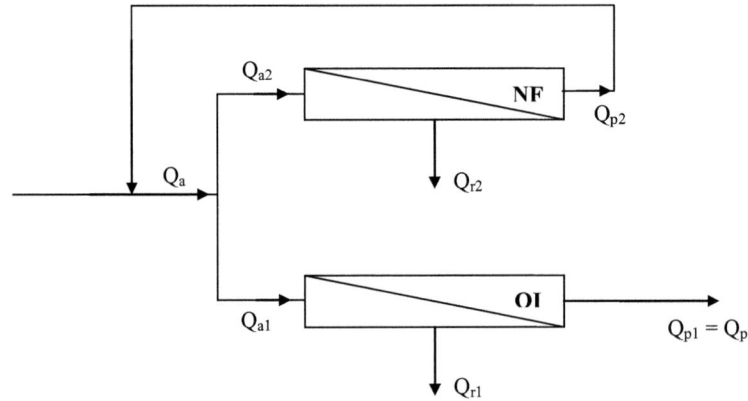

Figure III-20 : Couplage parallèle OI/NF avec re-circulation.

On définit pour le module d'osmose inverse :

Q_{a1} : débit d'alimentation,

Q_{p1} : débit de perméat,

Q_{r1} : débit de retentât,

Y_1 : taux de conversion.

Et pour le module de nanofiltration

Q_{a2} : débit d'alimentation,

Q_{p2} : débit de perméat,

Q_{r2} : débit de retentât,

Y_2 : taux de conversion.

Les deux membranes fonctionnent comme une seule membrane dont les caractéristiques sont les suivantes :

Q_a : débit d'alimentation,

$Q_p = Q_{p1}$: débit de perméat,

$Q_r = Q_{r1} + Q_{r2}$: débit de retentât,

Y_e : taux de conversion globale.

L'étude des performances de ce couplage pour le dessalement des eaux saumâtres a été effectuée sur une eau synthétique de salinité 7 g/L dont la composition ionique est donnée dans le tableau III-2 et consiste à suivre l'évolution des taux de rétention des différents paramètres analysé au cours du temps. Les pressions transmembranaires au cours de la NF et de l'OI ont été fixées respectivement à 15 et 25 bar.

Le choix du taux de conversion des deux membranes sera selon la composition ionique de la solution d'alimentation au cours du temps. Pour cela un échantillonnage de la solution d'alimentation a été effectué pour chaque 5 minute de fonctionnement en continue. Le tableau III-5 rassemble les résultats d'analyses physico-chimiques des différents ions. Le taux de conversion de la membrane de nanofiltration a été initialement fixé à 40%.

Tableau III-5 : Résultats de l'analyse physico-chimique de la solution d'alimentation, ΔP (NF) =15 bar et Y (NF) = 40 %.

t (min)	5	10	15	20	25	30
$[Na^+]$ (mg.L^{-1})	1896,3	1729,6	1512,9	1291,9	1075,7	958,3
$[K^+]$ (mg.L^{-1})	66,2	59	50,5	42,4	32,3	29,8
$[Mg^{2+}]$ (mg.L^{-1})	197	159,3	127,1	100,7	85,7	75,7
$[Ca^{2+}]$ (mg.L^{-1})	50	44,6	33,3	31,5	25,9	21,8
$[Cl^-]$ (mg.L^{-1})	3370,1	3044,3	2863,9	2413,7	2010	1760
$[HCO_3^-]$ (mg.L^{-1})	21,4	17,1	13,6	10,7	8,3	6
$[SO_4^{2-}]$ (mg.L^{-1})	362	278,6	214,5	165,07	118	98,3

Le tableau III-5 montre que la qualité de la solution d'alimentation s'est améliorée au cours du temps suite à la dilution en continue effectuée par la membrane de nanofiltration. A partir de ces résultats et en appliquant la méthode adoptée dans le paragraphe III.3.2, nous pouvons estimer le taux de conversion le plus convenable. Nous constatons ainsi que le taux de conversion de la membrane d'osmose inverse peut dépasser les 70% après 5 min de fonctionnement du pilote et peut atteindre les 90 % après 30 min. De même le taux de conversion de la membrane de nanofiltration peut s'améliorer au cours du temps puisque cette dernière est alimentée par la solution diluée.

Le taux de conversion global du montage proposé peut être déterminé à partir des débits et des taux de conversion des deux modules.
On a :

$$Q_{r1} = (1 - Y_1).Q_{a1}$$
$$Q_{r2} = (1 - Y_2).Q_{a2}$$
$$Q_a = Q_{r1} + Q_{r2} + Q_{p1}$$

D'où :

$$Q_a = (1-Y_1).Q_{a1} + (1-Y_2).Q_{a2} + Q_{p1}$$

On suppose que :

$$Q_{a1} = Q_{a2} = \frac{1}{2}Q_a$$

D'où on obtient l'expression suivante :

$$Q_a\left(1-\frac{(1-Y_1)+(1-Y_2)}{2}\right) = Q_{p1} = Q_P$$

Par identification on obtient :

$$Y_e = \frac{Y_1 + Y_2}{2}$$

Ainsi nous pouvons constaté que le taux de conversion global du système peut dépasser les 90% pour ce couplage.

Les figures III-21 et III-22 présentent la variation des taux de rétention des différents ions en fonction du temps relative à ce couplage.

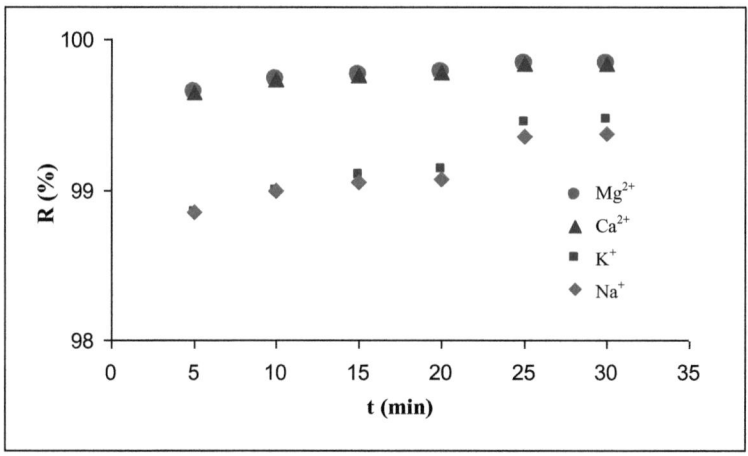

Figure III-21 : Etude de la rétention des cations majeurs par le couplage parallèle OI/NF avec recirculation.

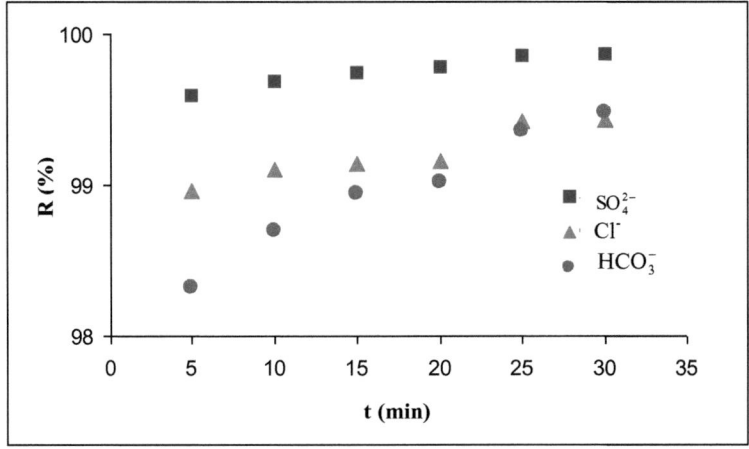

Figure III-22 : Etude de la rétention des anions majeurs par le couplage parallèle OI/NF avec recirculation.

Ces deux figures montrent que les perméats récupérés après le couplage parallèle OI/NF avec re-circulation ont présenté une meilleure qualité que ceux obtenus suite à l'OI seul. Pour un taux de conversion global de 70 %, des taux de rétentions dépassant les 98 % pour les différents ions analysés ont été observés. En effet, suite à l'application de la nanofiltration comme étape de prétraitement, assurant une dilution en continue de la solution d'alimentation, une diminution considérable de toutes les composantes et plus particulièrement de celles formants les dépôts de sels a été réalisée et par suite une diminution de la pression osmotique de la solution d'alimentation. Cette diminution s'accompagne aussi par une augmentation de la production de la membrane d'OI et par suite possibilité de travailler à des pressions moins élevées.

Ce type de couplage est utilisée généralement quand la sélectivité de la membrane n'est pas suffisante pour effectuer une séparation donnée. On peut aussi l'appliquer pour le dessalement de l'eau de mer lorsque la salinité est très élevée.

Compte tenu de ces résultats, nous pouvons conclure que l'étape de prétraitement au moyen d'une membrane de nanofiltration nous a permis d'améliorer les performances de la membrane d'osmose inverse tout en augmentant le taux de conversion que ce soit de la membrane d'OI seule ou de tout le système avec moins de risque de colmatage.

III. 4. 2. 2. Couplage série OI/NF

Le couplage série OI/NF appelé aussi série – rejet consiste à traiter le rejet de la membrane d'osmose inverse par la membrane de nanofiltrtaion (Figure III-23).

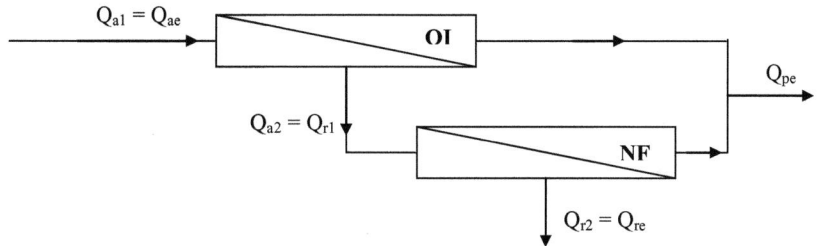

Figure III-23 : Couplage série OI/NF.

Comme précédemment, l'étude des performances de ce couplage a été effectuée sur une eau saumâtre synthétique en appliquant les conditions opératoires optimales de pression pour chaque membrane et consiste à déterminer les taux de rétention des différents ions ainsi que le taux de conversion globale du système proposé. Le taux de conversion de la membrane d'osmose inverse sera fixé à 50% par contre celui de la nanofiltration sera déterminé selon la composition ionique de la solution d'alimentation.

Le taux de conversion global du montage proposé peut être déterminé à partir des débits et des taux de conversion des deux modules comme précédemment.

On a :

$$Q_{r1} = (1- Y_1).Q_{a1}$$
$$Q_{r2} = (1- Y_2).Q_{a2}$$

Or

$$Q_{a2} = Q_{r1}$$

D'où :

$$Q_{r2} = (1- Y_2).(1- Y_1).Q_{a1}$$

Or les deux modules fonctionnent comme un seul module de taux de conversion équivalent Y_e tel que : $Q_{re} = (1- Y_e).Q_{ae}$.

Par identification des deux expressions on a : $1- Y_e = (1- Y_2).(1- Y_1)$

et donc $Y_e = 1-[(1-Y_2).(1-Y_1)]$.

Pour pouvoir déterminer le taux de conversion le plus convenable pour la membrane de nanofiltration, un échantillon du rejet de la membrane d'osmose inverse a été récupéré pour déterminer sa composition ionique. Le tableau III-6 présente les résultats de l'analyse physico-chimique du rejet de la membrane d'osmose inverse pour une pression transmembranaire de 25 bar et un taux de conversion de 50 %.

Tableau III-6 : Résultats de l'analyse physico-chimique du rejet de la membrane d'osmose inverse $\Delta P = 25$ bar et $Y = 50$ %.

	Alimentation	Rejet
$[Na^+]$ (mg.L^{-1})	2152	4279,4
$[K^+]$ (mg.L^{-1})	77,4	154
$[Mg^{2+}]$ (mg.L^{-1})	258,8	516
$[Ca^{2+}]$ (mg.L^{-1})	82,4	164,3
$[Cl^-]$ (mg.L^{-1})	3870	7698,8
$[HCO_3^-]$ (mg.L^{-1})	28,4	56,23
$[SO_4^{2-}]$ (mg.L^{-1})	542,4	1081

A partir de ces résultats, nous constatons que la qualité d'eau rejetée par la membrane d'osmose inverse est très chargée en sels ; pour cela le choix du taux conversion de la membrane de nanofiltration sera limité à 20 % afin d'éviter son colmatage. Ainsi, le taux de conversion global du système sera égal à 60 %. Ainsi, une légère amélioration du taux de conversion a été effectuée suite à l'application de ce couplage.

L'eau rejetée par la membrane d'osmose inverse alimente la membrane de nanofiltration à pression transmembranaire égale à 15 bar et les perméats de NF et d'OI sont mélangés et donnent le produit global du système proposé. Les analyses physico-chimiques du perméat récupéré sont récapitulées dans le tableau III-7.

Tableau III-7 : Résultats de l'analyse physico-chimique du perméat du système global.

	Concentration dans le perméat (mg L^{-1})	Taux de rétention (%)
[Na$^+$] (mg L^{-1})	413,5	81
[K$^+$] (mg L^{-1})	13,1	83
[Mg^{2+}] (mg L^{-1})	14,2	95
[Ca^{2+}] (mg L^{-1})	5	94
[Cl$^-$] (mg L^{-1})	696,8	82
[HCO$_3^-$] (mg L^{-1})	1,7	94
[SO$_4^{2-}$] (mg L^{-1})	2,2	99,6

D'après ce tableau, nous retrouvons que les taux de rétention des différents ions ont diminué par rapport à ceux trouvés en osmose inverse seule, sauf dans le cas des sulfates où le taux de rétention dépasse les 99 %. Ceci peut être expliqué par le fait que la membrane de nanofiltration est chargée négativement et par suite une très forte élimination des anions bivalents.

Afin d'améliorer la sélectivité de la membrane de nanofiltration et par conséquent du système proposé, nous avons augmenté la pression d'alimentation de la membrane de nanofiltration. Les figures III-24 et III-25 présentent les résultats de cette étude.

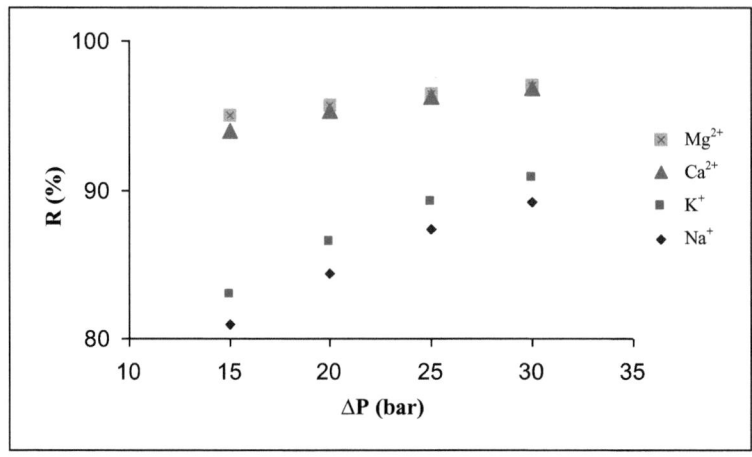

Figure III-24 : Etude de la rétention des cations majeurs par le couplage série OI/NF.

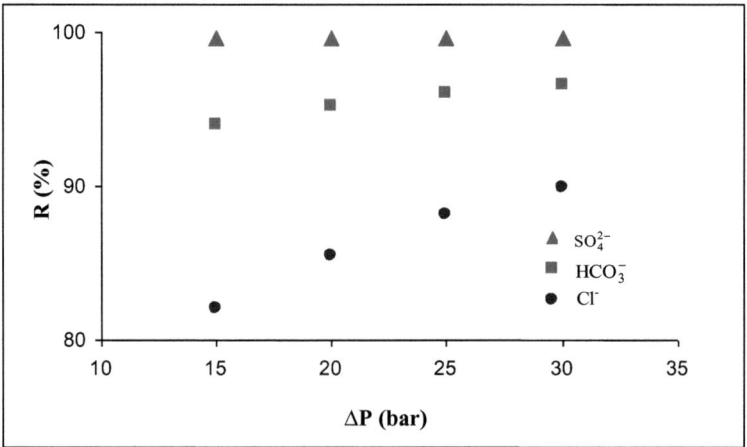

Figure III-25 : Etude de la rétention des anions majeurs par le couplage série OI/NF.

Ces deux figures montrent une amélioration des taux de rétention lorsqu'on augmente la pression d'alimentation de la membrane de nanofiltration mais la qualité d'eau produite par le système global reste toujours inférieure à celle trouvée par l'osmose inverse seule.

Ainsi, nous pouvons conclure que ce couplage n'apporte pas d'amélioration considérable pour les taux de rétention des différents ions, par contre il améliore légèrement le taux de conversion par rapport à l'osmose inverse seule. En effet, Maurel [38] a mentionné que ce type de couplage peut être appliqué sur des eaux de faible salinité pour obtenir des taux de conversion élevés mais la qualité d'eau produite va toujours en souffrir.

IV. 1. Introduction

Dans un premier temps, nous nous sommes intéressés à l'application des deux procédés membranaires choisis ainsi que leurs couplages au dessalement des eaux saumâtres afin de déterminer les conditions optimales pour un meilleur fonctionnement de ces procédés.

Dans la suite du travail, on s'intéresse à l'application des procédés d'osmose inverse et de nanofiltration à l'élimination de deux composés toxiques, qui sont le bore et le fluor. Pour chaque composé, nous nous sommes intéressés à l'étude de l'influence des différents paramètres opératoires (la pression d'alimentation, le taux de conversion, la concentration et le pH) sur le taux de rétention.

IV. 2. Etude de l'élimination du bore

IV. 2. 1. Généralités

Le bore existe naturellement dans plus de 80 minéraux et constitue 0,001 % de la croûte terrestre [173]. Tandis que les roches sédimentaires en contiennent plus que les roches ignées, le bore est plus couramment présent dans les roches granitiques et les pegmatites. Les émissions volcaniques libèrent de l'acide borique (acide orthoborique $B(OH)_3$) et du trifluorure de bore (BF_3). Par conséquent, les concentrations de bore sont élevées dans l'eau des régions volcaniques. L'eau des océans contient aussi de l'acide borique; l'évaporation de l'eau de mer dans les bassins confinés a créé une source commerciale de bore [174].

Le bore peut exister dans les dépôts minéraux et les eaux naturelles sous différentes formes (borate de calcium, acide borique ou hydrure de bore) mais la principale forme sous laquelle il se présente dans l'eau est l'acide borique [175]. Dans l'eau de mer, la concentration du bore se situe entre 4 et 5 $mg.L^{-1}$ [176, 177].

La présence de bore dans l'atmosphère (libération d'aérosols contenant du sel marin) est attribuée aux embruns, ainsi qu'à l'activité volcanique, à l'accumulation de bore, d'acide borique et de borates de sodium et d'autres borates métalliques présents sous formes de particules ou d'aérosols [173]. Les cendres volantes provenant de la combustion du charbon contribuent aussi à accroître la concentration du bore dans l'atmosphère [178]. Dans l'atmosphère au dessus des océans, la concentration du bore est de l'ordre de $1,7.10^{-4}$ mg m^{-3} [179].

Le bore s'accumule dans les végétaux [180]. Les concentrations sont particulièrement élevées dans les légumes (de 0,025 à 0,05 $mg.g^{-1}$ de poids sec), dans les fruits (de 0,005 à 0,02 $mg.g^{-1}$) et dans les grains (de 0,001 à 0,005 $mg.g^{-1}$).

Le bore est un élément essentiel pour les plantes mais dans des limites de concentration assez étroites. Une concentration minimale de bore dans l'eau d'irrigation est nécessaire pour quelques activités métaboliques. Une carence en bore a souvent des effets sur la tige et les racines des plantes : gonflement, décoloration, assèchement, épaississement et déformation.

Les composés du bore, en particulier l'acide borique et le borax, sont employés dans la préparation de désinfectants et de médicaments, dans la fabrication de verre borosilicaté. Ils entrent dans la fabrication des émaux, servent d'antioxydants lors de travaux de sondage et sont aussi employés dans les produits cosmétiques, dans le cuir, dans les textiles, dans les peintures et par les industries de transformation du bois. Le bore est un élément indispensable à la croissance des plantes et directement appliqué au sol comme engrais, le borax et l'acide borique sont employés comme agents fongistatiques dans le traitement des légumes, des fruits et arbres. A l'état élémentaire, le bore est introduit dans les aciers soit dans la masse même pour obtenir une augmentation de la résistance à la rupture, soit superficiellement pour améliorer la dureté [181].

IV. 2. 2. Problèmes posés par le bore

Le bore est l'un des constituants inorganiques problématique et difficile à éliminer de l'eau, il peut être toxique à concentration élevée. Les taux élevés de bore sont trouvés dans l'eau de mer (4,7 $mg.L^{-1}$) et les eaux usées et les eaux souterraines (5 à 100 $mg.L^{-1}$ et même plus). Les composés du bore sont présents souvent dans les eaux naturelles, sont dus aux larges applications de ces composés dans différentes branches de l'industrie : production de verre, émaux, lustres, détergents, micro-fertilisants.

Par conséquent l'Organisation Mondiale de Santé (OMS) a fixé une concentration en bore égale à 0,5 $mg.L^{-1}$ comme concentration acceptable, mais signale que cette valeur n'est que provisoire, car le problème de bore est renforcé par le fait que ni le traitement standard des eaux résiduaires ni le dessalement de l'eau de mer par osmose inverse ne permettent une élimination efficace de bore. Comme d'autres ions inorganiques, le bore n'est pas éliminé pendant les processus standard de traitement d'eaux d'égout. D'ailleurs, du à la prédominance de l'espèce non chargée de l'acide borique en solution, seulement une fraction de bore est éliminée lors de dessalement par osmose inverse. Ainsi même l'eau de mer dessalée par osmose inverse contient un taux élevé de bore dépassant les valeurs internationales maximales [182].

La consommation à long terme d'eau et de produits alimentaires contenant des teneurs élevées en bore se traduit par des perturbations des systèmes cardio-vasculaire, nerveux, digestif et sexuel chez l'homme et les animaux. La composition de sang subit des changements, le progrès physique et intellectuel des enfants ralentit et le risque des naissances pathologiques augmente. Selon des investigations medico-biologiques, les composés de bore appartiennent à la deuxième classe du danger toxicologique [183].

Une concentration de bore dans l'eau d'irrigation supérieure au seuil toléré a des effets négatifs sur la croissance des plantes et se traduira par des signes de toxicité : jaunissement au bout des feuilles suivi de nécrose. La toxicité de bore peut affecter presque toutes les récoltes, mais il y'a un éventail de tolérance parmi certaines récoltes. Les plantations de citron sont particulièrement susceptibles à l'excès de bore dans l'eau d'irrigation. La concentration maximale de bore doit être inférieure à 0,5 mg L^{-1} pour le citron et la mure. La valeur correspondante pour le poivron rouge, le pois, la carotte, le radis, la pomme de terre et le concombre est de 2 mg.L^{-1} [184].

A cet égard, les recherches visant l'élimination des composés de bore de l'eau sont d'une importance particulière pour l'industrie de dessalement parce qu'aucune des méthodes conventionnelles n'est capable de ramener les concentrations de bore vers le niveau bas toléré même dans l'eau de mer (où la concentration est en dessous de 5 mg.L^{-1}) [183].

IV. 2. 3. Chimie du bore

Cet élément est un métalloïde trivalent, qui se trouve abondamment dans la nature sous forme de borax d'où vient le nom du bore. Il existe deux formes allotropiques de bore; la forme amorphe est une poudre brune, l'autre cristalline est un solide cassant, très dur comme le diamant.

IV. 2. 3. 1. Structure

Le bore, doué d'un petit rayon, retient énergétiquement ses trois électrons extérieurs et ne donne aucun cation. Il forme uniquement des liaisons de covalence et bien que classé dans un groupe de métaux et ayant la terminaison électronique d'un métal, il a la physionomie typique d'un élément non métallique tricovalent. Le bore est constitué par 2 isotopes ^{10}B et ^{11}B respectivement à la teneur de 18,8% et 81,2%. Plusieurs formes cristallines ont été mises en évidence, deux formes rhomboédriques (α et β) et deux formes quadratiques (I et II) [181].

IV. 2. 3. 2. Propriétés

a. Propriétés physiques

Le bore cristallisé est très dur, fait qui doit être relié au caractère covalent des liaisons de sa structure [181].

Parmi les propriétés physiques les plus importantes du bore, on peut citer [185,186] :

- ❖ Le point de fusion : 2573 K
- ❖ Le point d'ébullition : 3931 K
- ❖ La densité : 2340
- ❖ La dureté : 9,3 (diamant 10)
- ❖ La chaleur de sublimation à 25°C : 135 kcal.mole^{-1}.

b. Propriétés chimiques

Le bore amorphe se prépare par réduction de l'oxyde borique B_2O_3, à l'aide d'un métal électropositif tel que le magnésium. Lorsqu'on utilise ce dernier, le produit est généralement contaminé par le borure MgB_2; la quantité de ce composé peut être diminuée en utilisant un excès d'oxyde borique.

A l'état divisé, le bore est un élément extrêmement réactif, qui réagit vivement avec les halogènes, le soufre, le carbone, l'azote et les métaux. Son activité particulièrement grande vis à vis de l'oxygène en fait un réducteur énergétique, au même titre que le silicium et le carbone [181].

IV. 2. 3. 3. Dérivés du bore

Parmi les composés du bore les plus importants on peut citer le borax et l'acide borique

a. Le borax ou tétraborate de sodium, composé chimique de formule ($Na_2B_4O_7 10H_2O$), a une dureté de 2 et une densité de 1,7. Lorsqu'il est chauffé, il se dilate en libérant de l'eau, et fond en formant une masse d'aspect vitreux. La kernite minérale ou rasorite, de formule ($Na_2B_4O_7 4H_2O$), est identique au borax qui se dissout facilement dans l'eau et forme une solution alcaline selon la réaction suivante [186] :

$$Na_2B_4O_7, 10H_2O \rightleftharpoons 2H_3BO_3 + 2 Na^+ + 2B(OH)_4^- + 3 H_2O$$

b. L'acide borique de formule générale **H_3BO_3**, est obtenu par acidification de la solution aqueuse de borax, sous forme de cristaux lamellaires transparents. Les motifs trigonaux **H_3BO_3** sont unis entre eux par des liaisons hydrogène pour former des macromolécules planes empilées dans une structure feuilletée [187].

Le bore se trouve essentiellement dans les eaux naturelles sous forme d'acide borique qui se dissocie sous forme ionique ($H_2BO_3^-$, HBO_3^{2-}, BO_3^{3-}) selon les équations des réactions suivantes [188] :

$$H_3BO_3 + H_2O \rightleftharpoons H_2BO_3^- + H_3O^+ \qquad pK_a = 9,14 \quad (1)$$

$$H_2BO_3^- + H_2O \rightleftharpoons HBO_3^{2-} + H_3O^+ \qquad pK_a = 12,74 \quad (2)$$

$$HBO_3^{2-} + H_2O \rightleftharpoons BO_3^{3-} + H_3O^+ \qquad pK_a = 13,80 \quad (3)$$

Le diagramme suivant présente la répartition de ces différentes espèces en fonction du pH, à la température de 25°C :

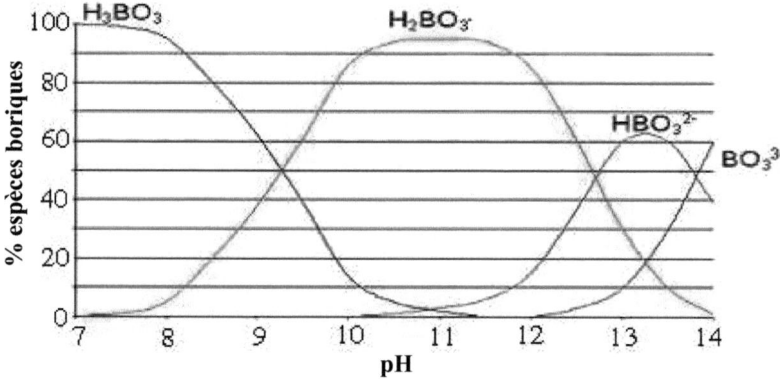

Figure IV-1: Diagramme de répartition des espèces de bore en fonction du pH, à 25°C

IV. 2. 4. Les procédés d'élimination du bore

Il existe actuellement plusieurs méthodes classiques pour l'élimination du bore dans les eaux basées sur l'échange d'ions [189,190], l'adsorption et complexation par des composés organiques et l'adsorption et précipitation par des composés minéraux. Ces méthodes ne sont pas toujours en mesure de répondre aux normes environnementales de plus en plus strictes et génèrent souvent des boues difficiles à gérer. Il existe aussi les procédés membranaires qui ont été testés pour l'élimination du bore [184].

IV. 2. 5. Rétention du bore par les procédés membranaires

Parmi les procédés membranaires qui ont été testés pour l'élimination du bore, nous citons, l'osmose inverse, l'ultrafiltration et la nanofiltration [184]. Il a été montré que l'acide borique filtre facilement à travers les membranes d'osmose inverse et peut être enlevés efficacement sur les membranes d'osmose inverse - nanofiltration [191]. L'électrodialyse est un autre procédé membranaire qui a été utilisé pour l'élimination du bore de l'eau de mer [184]. Le principe de ce procédé consiste a transférer de manière sélective des ions à travers une membrane échangeuse d'ions sous l'action d'un champ électrique grâce a deux électrodes entre les quelles on applique une différence de potentiel continue, les cations vont se déplacer vers l'électrode négative et les anions vont se déplacer vers l'électrode positive [192]. L'électrodialyse permet d'atteindre des pourcentages d'élimination du bore de l'ordre de 88 % à des pH élevés. Mais l'efficacité de cette méthode se limite aux formes ionisées du bore.

Dans cette partie nous nous intéressons à l'étude de l'élimination du bore par les membranes AG et HL, de déterminer l'influence des paramètres opératoires tels que : la pression d'alimentation, le taux de conversion, la concentration d'alimentation, la force ionique de la solution et le pH.

IV. 2. 5. 1. Effet du pH de la solution d'alimentation

A partir d'une même solution concentrée en bore, nous avons préparé plusieurs solutions de concentration 5 mg/L, en modifiant leur pH par ajout de NaOH. Ces solutions sont filtrées sur les deux membranes en maintenant la pression d'alimentation et le taux de conversion constants.

Les figures IV.3 et IV.4 représentent la variation du taux de rétention du bore et la concentration du bore dans le perméat en fonction du pH, respectivement.

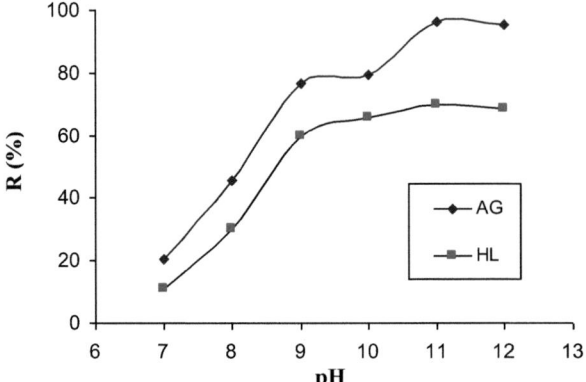

Figure IV-2 : Effet du pH sur l'élimination du bore, $[B]_0 = 5$ mg.L^{-1}, $P_a = 10$ bar, $Y = 50\%$.

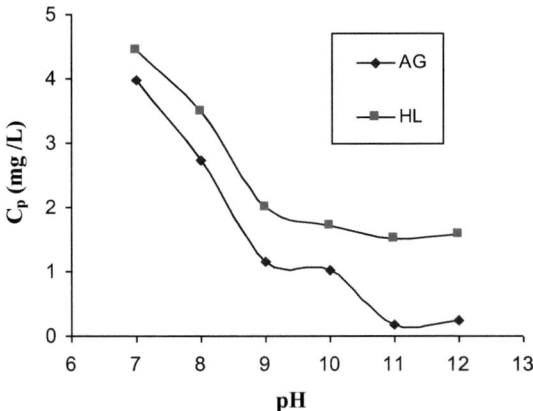

Figure IV-3: Concentration du bore dans le perméat en fonction du pH, $[B]_0 = 5$ mg.L^{-1}, $P_a = 10$ bar, $Y = 50\%$.

Ces résultats montrent que l'élimination du bore dépend fortement du pH de la solution d'alimentation pour les deux membranes. En effet, pour une concentration initiale en bore de 5 mg/L les pourcentages d'élimination sont 46 % et 30 % pour une valeur de pH égale à 8 par les deux membranes AG et de HL respectivement. Pour un pH égal à 11, le pourcentage d'élimination du bore atteint son maximum pour atteindre des valeurs de 96 % et 70 % par ces deux membranes respectivement.

L'effet du pH peut être illustré par l'équilibre de dissociation de l'acide borique dans l'eau donnée par l'équation suivante :

$$H_3BO_3 + H_2O \rightleftharpoons H_2BO_3^- + H_3O^+$$

Une augmentation du pH entraîne la dissociation de l'acide borique qui est un acide faible et par suite formation de l'ion borate ($H_2BO_3^-$) et de l'ion oxonium (H_3O^+). Pour des pH compris entre 9 et 10, la forme ionique prédomine, par contre pour un pH = 11, 100 % de l'acide borique s'est transformé sous forme de ($H_2BO_3^-$).

L'acide borique sous sa forme moléculaire peut former un pont à hydrogène avec les groupes actifs de la membrane et diffuse d'une manière semblable à celle de l'acide carboxylique et de l'eau [193]. Par conte dans le cas où l'espèce ionique prédomine, le taux d'élimination du bore augmente. Généralement, les espèces chargées sont mieux retenues par les membranes d'OI et de NF due aux forces de répulsion entre la surface de la membrane et les espèces anioniques.

Ainsi le maximum d'élimination du bore est atteint pour un pH = 11 ; ce résultat est semblable à ceux trouvés par plusieurs auteurs [194, 195] où ils mentionnent que le bore est effectivement éliminé seulement à des pH voisins de 11.

IV. 2. 5. 2. Effet de la concentration initiale en bore sur la rétention

L'effet de la concentration initiale en bore de la solution d'alimentation sur la rétention a été étudié afin de déterminer le champ d'application des membranes AG et HL.

Différents essais de filtration ont été effectués en maintenant les paramètres opératoires de pression, de taux de conversion et de pH constants.

Les concentrations du bore étudiées sont 5, 25, 50, 75 et 100 mg/L. Les résultats obtenus sont montrés dans la figure IV-4.

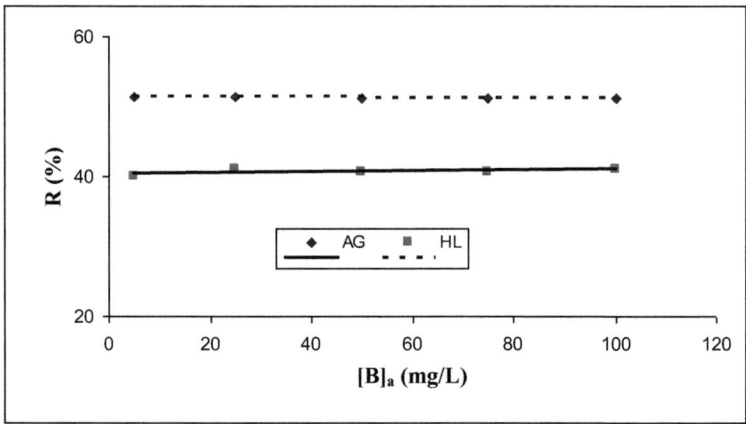

Figure IV-4 : Taux d'élimination du bore en fonction de la concentration d'alimentation, pH = 7.5, P_a = 15 bar, y = 15 %.

Ces résultats montrent que la concentration en bore de la solution d'alimentation n'a pas d'effets significatifs sur la rétention de cet élément dans le cas des deux membranes utilisées. En d'autres termes le rejet du bore ne dépend pas de la concentration d'alimentation lorsque cette dernière varie dans l'intervalle de 0 à 100 mg L^{-1}. Ces résultats sont en concordance avec ceux trouvés par d'autres auteurs [194, 196]. Ces auteurs ont expliqué ceux ci par le fait que l'augmentation de la concentration d'alimentation entraîne une augmentation de la quantité du bore dans le perméat de manière que le taux de rétention reste constant.

En revanche, le comportement des deux membranes HL et AG sont très différents. On observe une différence des rétentions entre les deux membranes pour toute la gamme de concentration étudiée. Le taux de rejet moyen par les membranes AG et HL sont de 51 % et 41 % respectivement. Ces résultats ont été observés par Dydo et al. [191] lors d'une étude menée sur l'élimination du bore du lexiviat par OI et NF en utilisant les membranes BW-30, TW-30, NF-90 et NF-45 à la même pression d'alimentation.

Ainsi, l'élimination du bore dépend essentiellement de la nature de la membrane et non pas de la concentration initiale.

IV. 2. 5. 3. Effet de la force ionique sur la rétention du bore

Afin d'estimer l'efficacité des deux membranes HL et AG lors de son application pour les eaux naturelles, l'effet de la force ionique sur l'élimination du bore est étudié pour des solutions de bore de concentration initiale égale à 5 mg.L^{-1}, à la température ambiante.

La force ionique I d'une solution est calculée à partir de l'équation suivante :

$$I = \frac{1}{2}\sum_i C_i Z_i^2$$

Avec : Z_i est la charge de l'ion i et C_i sa concentration en mol.L^{-1}.

La force ionique de la solution est imposée par différentes concentrations de NaCl. Les pourcentages du bore éliminé pour différentes forces ioniques par les deux membranes HL et AG sont récapitulés dans le tableau IV-1.

Tableau IV-1 : Variation du pourcentage du bore éliminé en fonction de la force ionique de la solution, P_a = 15 bar, Y = 15 % et pH = 7,5.

Solution		1	2	3	4
I (mol.L^{-1})		0	0,01	0,1	0,2
% B éliminé	AG	51,4	50,8	40,8	24,6
	HL	40,6	40	32,2	19,8

La courbe représentant le pourcentage du bore éliminé en fonction de la force ionique de la solution est donnée dans la figure IV-5.

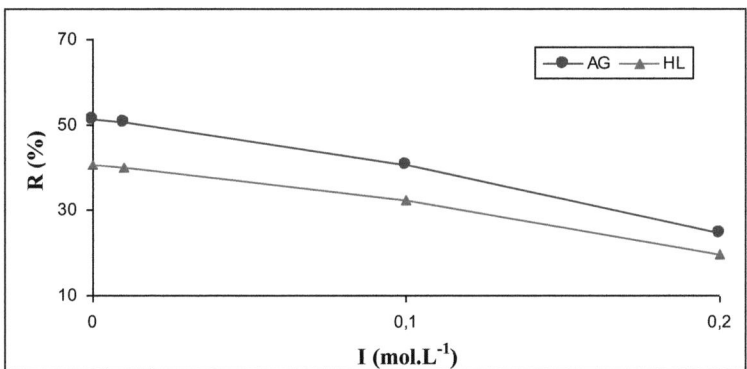

Figure IV-5 : Variation du pourcentage du bore éliminé en fonction de la force ionique de la solution, P_a = 15 bar, Y = 15 % et pH = 7,5.

Nous pouvons constater que la rétention du bore décroît lorsque la force ionique augmente. Pour des forces ioniques 0 et 0,01 mol.L^{-1}, les pourcentages d'élimination du bore diminuent faiblement de 51,4% à 50,8% pour la membrane AG et de 40,6% à 40% pour la membrane HL. Au-delà d'une force ionique de 0,01 mol.L^{-1} la diminution est nette. Cette diminution peut être attribuée à l'augmentation des ions chlorure et sodium dans la solution qui peuvent formé un effet d'écran sur la membrane.

Banasiak et Shäfer [197] expliquent la diminution du pourcentage d'élimination du bore par le fait que l'augmentation de la force ionique de la solution diminue la constante de dissociation de l'acide borique et par conséquent, il est moins sensible à l'effet de répulsion exercé par la membrane et sera donc moins rejeté.

IV. 2. 5. 4. Effet des autres ions en solution sur la rétention du bore

L'influence des anions SO_4^{2-}, F^-, Cl^- et NO_3^- et des cations Na^+, K^+, Mg^{2+} et Ca^{2+} sur la rétention du bore par les deux membranes est étudiée pour une solution de bore de concentration initiale égale à 5 mg.L^{-1}. Les essais sont réalisés à une pression d'alimentation de 15 bars, un taux de conversion de 15% et un pH égale à 7,5. Le pourcentage de bore éliminé est calculé pour des concentrations de 10^{-1} mol.L^{-1} de ces anions sous formes de sels de sodium et des cations sous formes de sels de chlorures. Les variations du pourcentage de bore éliminé en fonction des différents anions et cations en solution sont récapitulées dans les tableaux IV-2 et VI-3.

Tableau IV-2 : Effet des anions en solution sur l'élimination du bore, [B] = 5 mg.L^{-1}, Y = 15 %, P_a = 15 bar et pH = 7,5.

Anion ajouté	% B éliminé par la membrane AG	% B éliminé par la membrane HL
aucun	51,4	40,6
NO_3^-	41,4	33
Cl^-	40,8	32,2
F^-	40,4	32
SO_4^{2-}	35,6	28,6

Tableau IV-3 : Effet des cations en solution sur l'élimination du bore, [B] = 5 mg.L^{-1}, Y = 15 %, P$_a$ = 15 % et pH = 7,5.

Anion ajouté	% B éliminé par la membrane AG	% B éliminé par la membrane HL
aucun	51,4	40,6
Na$^+$	40,8	32,2
K$^+$	40,8	32,7
Mg^{2+}	36	28,6
Ca^{2+}	36	28,6

D'après les tableaux IV-2 et IV-3, on remarque que la présence des anions SO_4^{2-}, F^-, Cl^- et NO_3^- et des cations Na$^+$, K$^+$, Mg^{2+} et Ca^{2+} fait diminuer le pourcentage d'élimination du bore d'une manière significative. Dans le cas de la présence d'un ion monovalent le taux de rétention passe de 51,4% à 41 % dans le cas de la membrane AG et de 40,6% à 32 % dans le cas de la membrane HL. Par contre, dans le cas où il y a présence des ions bivalents, le taux de rétention passe de 51,4% à 35,6% et de 40,6% à 28,6% dans le cas des deux membranes AG et HL respectivement. Ainsi, nous constatons que le taux de rétention de rétention du bore dépend de la nature des ions (monovalent ou bivalent) présents dans la solution.

Comme il a été montré précédemment, les deux membranes étant chargées négativement, la présence des cations monovalents ou bivalents dans la solution neutralise partiellement la charge négative de la membrane, et entraîne par conséquent une diminution de la rétention des espèces borique dans la solution.

IV. 2. 5. 5. Effet de la pression d'alimentation sur la rétention du bore

Les essais relatifs à la détermination de l'effet de la pression sur la rétention du bore par chaque membrane ont été effectués en maintenant le pH à 7,5 et le taux de conversion à 15 % et en faisant varier la pression de 4 à 25 bar. Les courbes représentant la variation de la rétention du bore par les deux membranes en fonction de la pression d'alimentation sont représentées dans la figure IV-6.

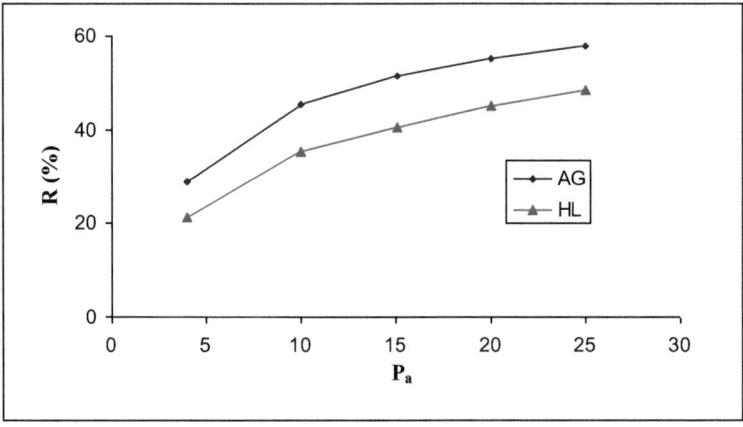

**Figure IV-6: Influence de la pression d'alimentation sur le taux de rétention,
$[B]_o = 5$ mg.L^{-1}, Y = 15 % et pH = 7,5.**

Les résultats obtenus pour les deux membranes montrent que le taux de rétention du bore augmente tout en augmentant la pression d'alimentation. Le taux d'élimination du bore par la membrane AG passe de 29 % à 58 % pour des pressions d'alimentation de 4 et 25 bars respectivement. De même pour la membrane HL, le taux de rétention passe de 21 % à 48 %.

En effet, l'augmentation de la pression entraîne une augmentation du flux de perméat. Ce résultat n'est pas surprenant parce que la pression est la force motrice dans les procédés membranaires. Ainsi, l'augmentation de la pression a comme conséquence une augmentation du volume du perméat et par suite la quantité du bore dans le perméat se trouve dans un volume plus élevé. Le même résultat a été rapporté par plusieurs auteurs [198-200].

IV. 2. 5. 6. Effet du taux de conversion

A pression et à pH constants, nous avons fait varier le taux de conversion pour une solution d'alimentation de concentration 5 mg/L en bore. La figure IV-6 présente la variation du taux de rétention pour chaque taux de conversion appliqué.

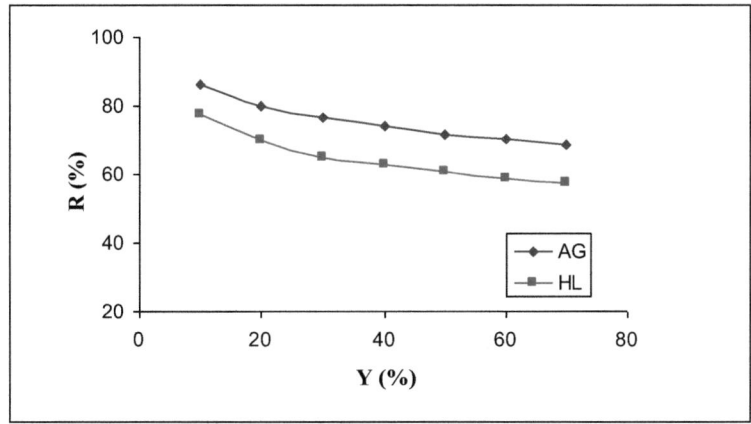

Figure IV-7: Influence du taux de conversion sur le taux de rétention, $[B]_o = 5$ mg.L^{-1}, $P_a = 15$ bar et pH = 7,5.

L'accroissement du taux de conversion s'accompagne d'une diminution du taux de rétention du bore par les deux membranes AG et HL. En effet l'augmentation du taux de conversion s'accompagne d'une diminution du flux de perméat et par suite une surconcentration en bore à la surface de la membrane, cela se traduit par l'augmentation du phénomène de polarisation de concentration et la diminution des taux de rétention.

IV. 2. 5. 7. Application du couplage parallèle OI/NF avec recirculation à la rétention du bore

Le bore se trouve dans les eaux naturelles sous forme d'acide borique. Ce dernier étant non chargé et sa rétention dépend fortement du pH de la solution d'alimentation. Notre étude est limitée à une solution d'alimentation qui contient que de l'acide borique préparé dans de l'eau distillée. Pour la quelle le maximum d'élimination du bore est atteint pour un pH = 11.

Dans le cas du dessalement des eaux saumâtres et des eaux de mer, il n'est pas possible d'augmenter le pH de la solution d'alimentation à un pH = 11 vue leur compositions ioniques. Une augmentation du pH à des valeurs élevées peut provoquer la précipitation de certains sels comme le sulfate de calcium et l'hydroxyde de magnésium et par conséquent, la formation d'un dépôt de sels à la surface de la membrane provoquant ainsi le problème de colmatage des membranes.

Plusieurs auteurs [194, 195] invoquent ce problème et proposent différentes méthodes afin d'éliminer le maximum de bore tout en évitant d'augmenter le pH de la solution d'alimentation à des valeurs très élevées.

Magara et al. [194] proposent l'utilisation d'un système de dessalement par OI à deux ou trois étages. Le premier étage sera consacré au dessalement de l'eau de mer et les autres étages (deux ou trois) seront consacrés à l'élimination du bore. De cette façon, l'élimination du bore est possible tout évitant la formation de dépôt de sels suite à l'augmentation du pH de la solution alimentant le deuxième étage.

Glueckstern et Priel [195] indiquent que l'élimination du bore par un deuxième étage fonctionnant à un pH élevé, n'est pas une méthode économique. Ils proposent ainsi l'utilisation des résines échangeuses d'ions sélectives pour le bore à la sortie de la membrane d'osmose inverse.

Dans cette étude nous nous proposons d'appliquer le couplage parallèle OI/NF avec recirculation. L'étude des performances de ce couplage vis-à-vis l'élimination du bore a été étudiée en faisant varier le pH de la solution d'alimentation et en comparant les résultats avec ceux obtenus par les membranes d'OI et de NF prises séparément.

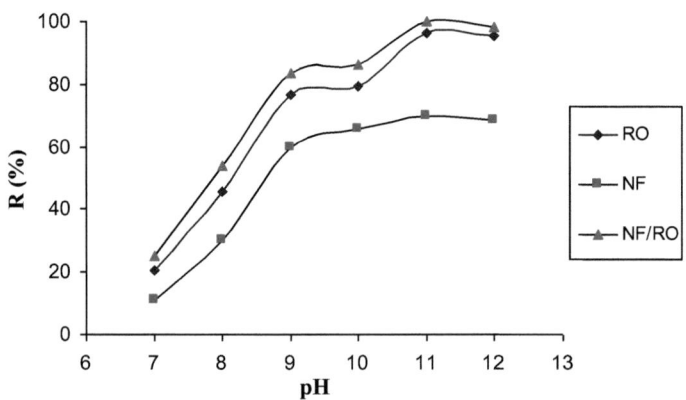

Figure IV-8: Effet du pH sur l'élimination du bore par le couplage partalléle OI/NF avec recirculation

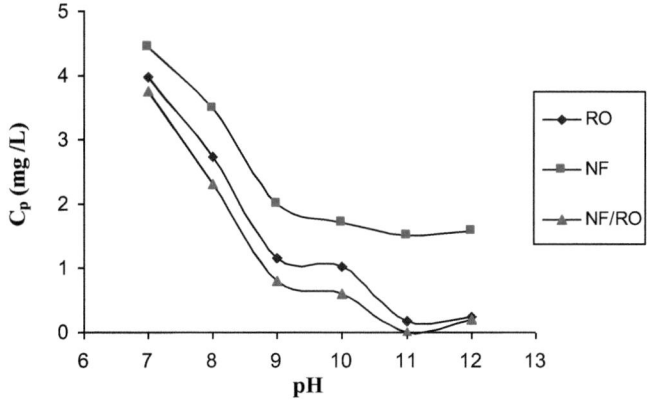

Figure IV-9. Concentration du bore dans le perméat en fonction du pH par le couplage parallèle OI/NF avec recirculation.

La figure IV-8 montre que l'élimination du bore s'est améliorée par l'application de ce couplage sur toute la gamme de pH étudiée. A pH = 11, le maximum d'élimination est atteint pour une valeur de 99,8 %. L'amélioration au niveau des taux de rétention par ce couplage est expliquée par la diminution de la pression osmotique de la solution alimentant le module d'osmose inverse suite à une dilution en continue par la production de la nanofiltration.

A pH = 9, le taux d'élimination est de 80%, ce qui correspond à une concentration en bore dans le perméat de 0,81 mg.L^{-1}. Cette concentration est en accord avec les directives de l'OMS pour la qualité de l'eau potable.

IV. 2. 6. Conclusion

Les résultats obtenus montrent que la rétention du bore dépend essentiellement de la nature de la membrane et du pH de la solution d'alimentation. En effet pour un pH = 8, les pourcentages d'éliminations sont 46% et 30% par les membranes AG et HL, respectivement. Pour un pH = 11, les pourcentages d'éliminations peuvent atteindre des valeurs de 96 % par la membrane AG et 70% par la membrane HL. Ces taux de rétention sont sensibles à l'augmentation de la force ionique qui réduit la dissociation de l'acide borique et par conséquent sera moins sensible à l'effet de répulsion exercée par la membrane.

L'augmentation de la concentration en bore de la solution d'alimentation n'a pas d'effet significatif sur la rétention de cet élément.

Le pourcentage d'élimination du bore dépend aussi de la pression d'alimentation et du taux de conversion. Une augmentation de la pression d'alimentation entraîne une augmentation des taux de rétention. Par contre l'augmentation des taux de conversion provoque une diminution des pourcentages d'éliminations du bore.

L'application du couplage parallèle OI/NF avec re-circulation à l'élimination du bore montre une amélioration au niveau des taux de rétention. Ce couplage présente l'avantage d'obtenir une concentration en bore dans le perméat de 0,81 mg.L^{-1} pour un pH = 9, qui est en accord avec les directives de l'OMS pour la qualité de l'eau potable.

IV. 3. Etude de l'élimination du fluor

IV. 3. 1. Généralités

Le fluor est l'un des éléments les plus abondants de la croûte terrestre. On le rencontre sous forme de fluorine (CaF_2), de biotite (($Mg,Fe)_2Al_2(K,H)(SiO_4)_2$), de cryolithe ($Na_3(AlF_6)$) et de fluoro-apatite ($Ca_{10}F_2(PO_4)_6$). Ces minéraux étant peu solubles dans l'eau, la concentration des ions fluorure dans les eaux de surface, est généralement faible. Cependant, les caractéristiques physico-chimiques de certains sels et des nappes d'eau (températures élevées par exemple) au contact de ces roches favorisent la dissolution des minéraux contenant du fluor.

Les eaux à fortes teneurs en fluor se localisent dans les zones où il y a présence de gisements de phosphates. Les caractéristiques physico-chimiques proches des sols phosphatés et des sols fluorés expliquent la présence du fluor là où il y a des phosphates. En effet, le fluorure de calcium ayant des propriétés voisines du phosphate de calcium, on le trouve généralement associé dans la nature sous forme de fluoro-apatite. C'est la raison pour laquelle dans les pays producteurs de phosphates (Tunisie, Maroc, Algérie et Sénégal), on observe souvent des problèmes de fluorose, dus essentiellement aux eaux de boisson [201]. Les eaux les plus riches en fluorure sont souvent légèrement saumâtres; il n'est pas nécessaire de défluorurer toutes les eaux domestiques, mais seulement les eaux de boisson.

L'apport en fluor dans les eaux souterraines peut également provenir d'activités anthropiques. L'utilisation agricole intensive d'engrais phosphatés (fluorapatite), d'insecticides ou d'herbicides contenant des fluorures en tant que constituant essentiel ou sous forme d'impuretés (cryolite, fluorosilicate de baryum) induit généralement une pollution des nappes phréatiques aux alentours des sols ayant subi un tel traitement. L'importance de la contamination due aux engrais phosphatés a été mise en évidence par Rao [202] à travers une étude menée en Inde sur la contribution relative de la géologie et des engrais. Les industries de l'acier, de l'aluminium, du verre et de la fabrication de briques et de tuiles représentent également une source potentielle de contamination du milieu en fluor. De plus, l'apport peut ici provenir de deux sortes de rejets. D'une part, les évacuations d'eaux usées [203] et d'autre part les émissions gazeuses de composés tels que l'acide fluorhydrique (HF) ou le fluorosilicate (SiF_4) qui peuvent par la suite se solubiliser au contact d'un milieu aqueux et intégrer ainsi le cycle de l'eau.

IV. 3. 2. Problèmes posés par le fluor

La présence d'ions fluorure en excès dans les eaux de boisson est alors à l'origine d'intoxications graves. Comme tout oligo-élément, le fluor est nécessaire et bénéfique pour l'être humain à des faibles concentrations, mais toxique à plus fortes doses. En effet, à partir de 0,5 mg/L en ions fluorure, une eau joue un rôle prophylactique, mais dès 0,8 mg/L, le risque de fluorose débute et devient fort au dessus de 1,5 mg/L. La norme admise varie dans un domaine de concentration de 0,7 à 1,5 mg/L pour des températures de 12 à 25 °C [204]. La directive européenne 98/83/CE du 3 novembre 1998, et sa transposition en droit français par le décret n°2001-1220 du 20 décembre 2001, codifié en 2003 dans le code de la santé publique, fixent la limite de qualité des fluorures à 1,5 mg/L dans l'eau destinée à la consommation humaine. Cette limite correspond à la valeur guide établie par l'Organisation Mondiale de la Santé (OMS) [205].

L'ingestion de fluorures en excès peut avoir des effets sur l'émail dentaire (colorations brunâtres) et induire des lésions gingivales et alvéolaires ; elle peut provoquer l'apparition de fluorose dentaire (figure IV-10). La fluorose dentaire est due à un surdosage de fluor pendant plusieurs mois ou années survenant lors de la période de minéralisation des dents, qui débute dès le troisième mois de vie in utero (pour les dents temporaires) et se termine vers les 12 ans environ (pour les dents permanents) [206].

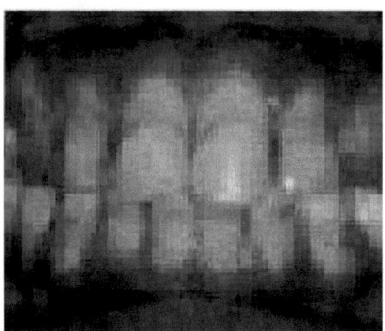 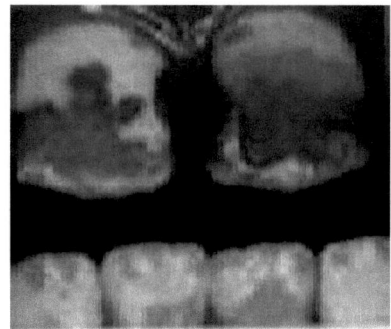

Figure IV-10 : Illustration d'une fluorose dentaire : Email tacheté.

Des atteintes plus graves concernant les os et les articulations (fluoroses osseuses) sont observés lorsque l'eau contient des concentrations supérieures à 4 mg/L. La fluorose osseuse est un état évolutif non fatal dans le quel les os augmentent de densité et deviennent de plus en plus fragile. Dans les cas les moins graves, la fluorose osseuse peut se manifester par des symptômes comme des douleurs et des raideurs dans les articulations. Les cas les plus graves se manifestent par une réduction de l'amplitude des mouvements, des déformations du squelette et l'accroissement des risques de fracture. Les symptômes les plus sévères tendent à toucher la colonne vertébrale dans les parties inférieures. La figure IV-11 illustre quelque cas de fluorose osseuse. La radiographie de la main laisse apparaître des excès de matière au niveau des articulations : il s'agit d'une accumulation de fluorure de calcium, CaF_2, sur l'os, sous la forme cristallographique cubique face centrée, alors qu'initialement la structure de l'os est amorphe [207, 208].

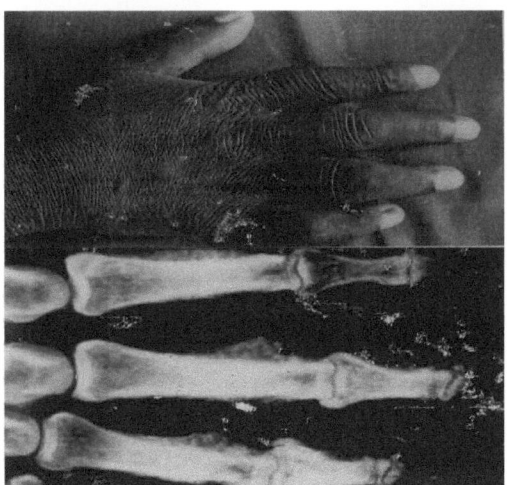

Figure IV-11 : Illustration de quelques cas atteints d'une fluorose osseuse.

IV. 3. 3. Chimie du fluor

Sous sa forme élémentaire, le fluor est un gaz jaune pâle, fortement toxique et corrosif. A l'état naturel, le fluor est trouvé combiné avec des minerais comme le fluorure. C'est l'élément non métallique le plus chimiquement actif de tous les éléments et il a également l'ion électronégatif le plus instable. En raison de sa réactivité extrême, le fluor n'est jamais trouvé comme élément non lié ou isolé à l'état naturel.

IV. 3. 3. 1. Propriétés physiques

Parmi les propriétés physiques les plus importantes du fluor, on peut citer [209] :

- ✓ Densité : la densité du fluor gazeux est 1,530,
- ✓ Température de fusion : 55 K,
- ✓ Chaleur de fusion : 372 cal.mol^{-1},
- ✓ Températures d'ébullition : 85,02 K,
- ✓ Chaleur de vaporisation : 1540 cal.mol^{-1}.

IV. 3. 3. 2. Propriétés chimiques

Le fluor est un membre de la famille des halogènes et constitue environ 0,03 % de la croûte terrestre. A l'état gazeux, les halogènes sont constitués de molécules diatomiques X_2 diamagnétiques, sans moment dipolaire. A l'état solide, les halogènes forment des réseaux moléculaires où les molécules X2 sont unies les unes des autres par des forces de Van der Waals.

Les atomes de fluor forment des liaisons très fortes avec la plupart des éléments de la table périodique, l'énergie de liaison dans F-F étant d'ailleurs très faible. Il en résulte que le fluor réagit avec tous les éléments excepté l'oxygène et les gaz nobles les plus légers pour former des fluorures thermodynamiquement stables. Certains métaux tels que le cuivre peuvent être utilisés pour contenir le fluor élémentaire, parce qu'une une couche protectrice de fluorure métallique, qui empêche une réaction ultérieure se forme à leur surface. Le fluor réagit explosivement avec les matières organiques, pour former HF et CF_4. Le Téflon (un polymère $-CF_2 - CF_2 -$) est inerte vis-à-vis du fluor aux températures ordinaires [186].

Le fluor se combine directement avec les métalloïdes. Le plus souvent la réaction est extrêmement vive. Cependant l'azote ne réagit pas avec le fluor. Avec les métaux l'action est brutale pour les alcalins et alcalino-terreux plus ou moins facile avec les autres métaux [209].

IV. 3. 3. 3. Composés du fluor et leur utilisation

Parmi les composés du fluor on peut citer [209] :

- ❖ **L'acide fluorhydrique** préparé à partir de la fluorine naturelle constitue la base de l'industrie du fluor. Il est utilisé d'une part pour la gravure sur verre et d'autre part en tonnage considérable pour l'alkylation d'essence destinée à l'aviation.

- ❖ **Le fluorure de soufre SF_6** : il se distingue par sa forte densité, sa stabilité, son ininflammabilité et ses excellentes propriétés diélectriques qui le font utiliser dans certains appareillages électriques.

- ❖ **Le fluorure de bore BF_3** : il est utilisé dans un grand nombre de réactions organiques. Grâce au simple sextet qui entoure le bore, il a en effet la propriété remarquable de s'associer avec une très grande facilité à de nombreuses molécules organiques possédant des doublets électroniques non utilisés à la formation de lien de convalence.

Il existe aussi les dérivés fluochlorés du type « Fréon », qui présentent une grande importance commerciale due en particulier à leurs propriétés thermodynamiques. Parmi ces composés, nous citerons [209] :

- Le trichloromonofluorométhane : CCl_3F
- Le dichlorodifluorométhane : CCl_2F_2
- Le monochlorotrifluorométhane : $CClF_3$
- Le dichloromonofluorométhane : $CHCl_2F$
- Le monochlorodifluorométhane : $CHClF_2$
- Le trichlorotrifluorométhane : $CCl_2F-CClF_2$
- Le dichlorotétrafluorométhane : $CClF_2-CClF_2$

Le fluor est présent dans le soleil et les nébuleuses. Si le fluor est rencontré dans un grand nombre de minéraux, les minerais essentiels sont la cryolithe Al_2F_6, $6NaF$ et la fluorine ou spath fluor CaF_2.

La cryolithe, utilisée surtout comme fondant dans l'industrie de l'aluminium, cristallise dans le système triclinique.

La fluorine cristallise dans le système cubique. Sa structure est celle d'un cube à faces centrées. La distance entre un atome de calcium et le plus proche atome de fluor est 2,37 Å.

On trouve le fluor combiné, comme impureté, dans les pyrites, blendes, calamines, les bauxites, sous formes de fluosilicates, fluoarséniates et fluovanadates. Il a été signalé dans des roches très diverses comme la topaze, la lépidolite, l'orpiment, etc. Il entre dans la constitution des fluoapatites et se trouve souvent en quantités variables dans les phosphates, apatites et phosphorites. Il constitue une impureté gênante dans certaines industries, en particulier au cours de la préparation des superphosphates ou d'opérations dans des fours électriques [209].

IV. 3. 3. 4. Chimie du fluor dans les eaux

a) Les eaux souterraines

Les eaux souterraines se chargent en fluor après lessivage des roches phosphatées probablement par dissolution des apatites fluorées dont la solubilité augmente avec la température des nappes considérées (à $\theta > 35$ °C). La saturation des eaux dépend principalement du déplacement de l'équilibre de formation de la fluorine (CaF_2):

$$CaF_{2(s)} \rightleftharpoons Ca^{2+}_{(aq)} + 2F^-_{(aq)}$$

La teneur en calcium, l'équilibre des eaux en calcite ($CaCO_3$), gypse ($CaSO_4, 2 H_2O$), et la formation de complexes calciques ($CaSO_4$, $CaHCO_3^+$, $CaCO_3$) sont des facteurs importants pour le déplacement de cet équilibre [204].

b) Les eaux de mer

Dans le cas des eaux de mer, les rejets d'acide fluorhydrique le long du littoral sont rapidement nocifs pour le milieu marin environnant, le pouvoir tampon de l'eau de mer n'étant pas illimité. Dans l'eau de mer, la solubilité totale en fluorine est essentiellement due au complexe formé avec les ions magnésium MgF^+. Si l'on rejette du fluorure de calcium, il se dissout partiellement suivant l'équilibre suivant :

$$CaF_2 + Mg^{2+} \rightleftharpoons CaF^+ + MgF^+$$

La solubilité totale dans l'eau de mer du fluor (MgF^+, CaF^+, F^-) est de l'ordre de $3,8.10^{-3}$ mol.L, soit 70 mg/L en ions F^- [204].

c) Les eaux de surfaces

Dans les eaux de surface, la présence de fluorures est surtout liée aux rejets des unités de production d'acide phosphorique et d'engrais phosphatés, ainsi qu'à ceux des usines d'aluminium dont le principe de fabrication repose sur l'électrolyse d'une solution d'alumine dans la cryolithe fondue (AlF_3, 3 NaF). Les opérations particulières susceptibles d'introduire des poussières fluorées dans l'atmosphère sont le broyage, la calcination, la fusion des minéraux contenant du fluor et le traitement électrochimique pour la fabrication de l'aluminium. Dans ces installations, les efforts (tours de lavage) faits pour diminuer la pollution atmosphérique peuvent avoir pour conséquence un accroissement de la charge en fluor des eaux de surface par les rejets liquides. Le rejet de certains déchets fluorurés en mer peut provoquer des bouleversements sur l'écosystème marin ; ce problème est encore peu soulevé [204].

IV. 3. 4. Procédé d'élimination du fluor

Un grand nombre de techniques, permettant de réduire les fortes teneurs en fluor dans les eaux de consommation, ont été développées. Le choix se fait généralement en fonction du coût de l'opération, des caractéristiques chimiques de l'eau ou encore des infrastructures disponibles.

Les techniques de remédiation les plus fréquemment employées qui sont les procédés chimiques (la précipitation), les procédés phycico-chimiques classiques (adsorption, échange d'ions) et les procédés à membranes (électrodialyse, osmose inverse et nanofiltration) [204].

IV. 3. 5. Rétention du fluor par les procédés membranaires

Parmi les nombreux procédés à membranes, des expériences d'élimination des ions fluorure dans les eaux ont été menées en mettant en œuvre les procédés d'électrodialyse, d'osmose inverse et plus récemment, de nanofiltration. Nous nous intéressons à l'étude des performances des deux membranes d'osmose inverse (AG) et de nanofiltration (HL) vis-à-vis l'élimination des ions fluorure et l'influence des paramètres physico-chimiques sur sa rétention.

IV. 3. 5. 1. Effet de la concentration initiale sur la rétention du fluor

Pour étudier l'effet que pourrait avoir la concentration initiale en ions fluorure de la solution d'alimentation et par conséquent la force ionique sur la rétention, nous avons fait varier la concentration de fluorure de sodium des différentes solutions d'alimentation testées. Les valeurs des concentrations étudiées varient de 10^{-4} mol.L^{-1} à 10^{-1} mol.L^{-1}.

Les figures IV-12 et IV-13 représentent la rétention des ions fluorure par les membranes AG et HL en fonction du flux de perméat.

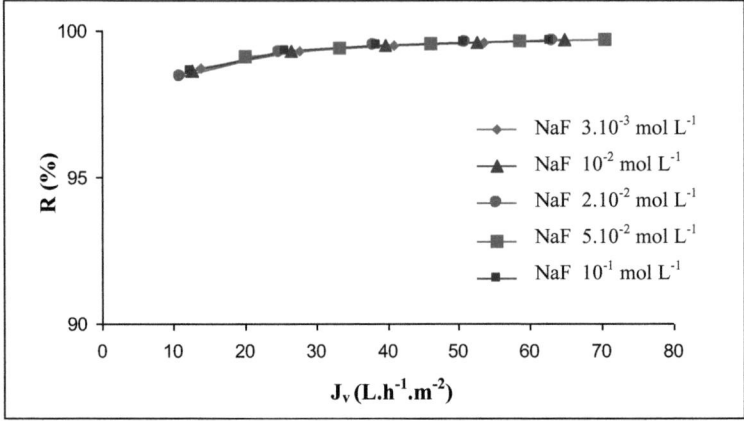

Figure IV-12 : Influence de la concentration d'alimentation sur l'élimination des ions fluorure par la membrane AG, Y = 15%.

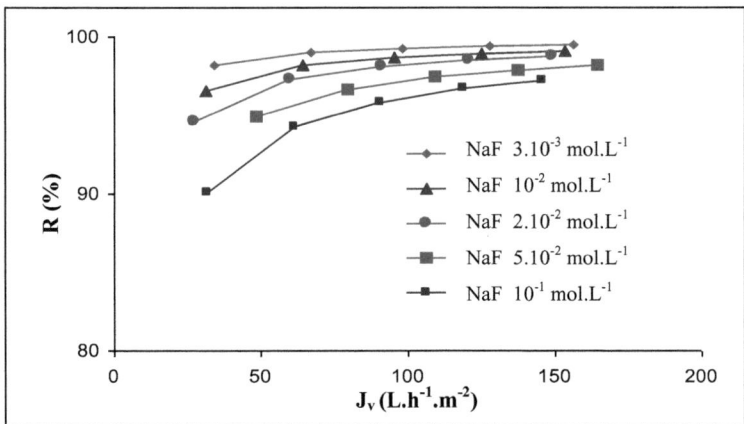

Figure IV-13 : Influence de la concentration d'alimentation sur l'élimination des ions fluorure par la membrane HL, Y = 15%.

Les résultats illustrés dans les figures IV-12 et IV-13 montrent que la concentration initiale en fluor n'influe pratiquement pas sur la rétention par la membrane AG, alors qu'on observe une diminution des taux de rétention avec l'augmentation de la concentration en fluor par la membrane HL. En effet, comme il a été montré dans le chapitre III, les deux membranes présentent des mécanismes de séparation différents. Pour la membrane AG le mécanisme de séparation est la solubilisation-diffusion et la rétention ne dépend que des coefficients de diffusion des sels. Par contre dans le cas de la membrane HL, le mécanisme de transfert est principalement du à l'exclusion de Donnan. L'augmentation de la concentration des ions fluorure s'accompagne d'une augmentation des ions sodium qui vont créer un effet écran au niveau de la membrane. Les charges fixes de la couche active de la membrane sont neutralisées partiellement par les contres-ions (ions sodium) situés à leur voisinage. Ce phénomène est d'autant plus marqué que ces contres ions sont nombreux. Ainsi l'augmentation de la concentration en sel diminuerait l'interaction électrostatique entre les ions et la membrane.

L'effet de la présence d'un électrolyte support NaCl a été étudié en variant la concentration en NaCl de la solution d'alimentation de 0 à 0,2 mol.L^{-1}. Les figures IV-14 et IV-15 illustrent les résultats de cette étude et montrent qu'ils sont semblables à ceux trouvés lorsqu'on a varié la concentration de la solution d'alimentation en ions fluorure.

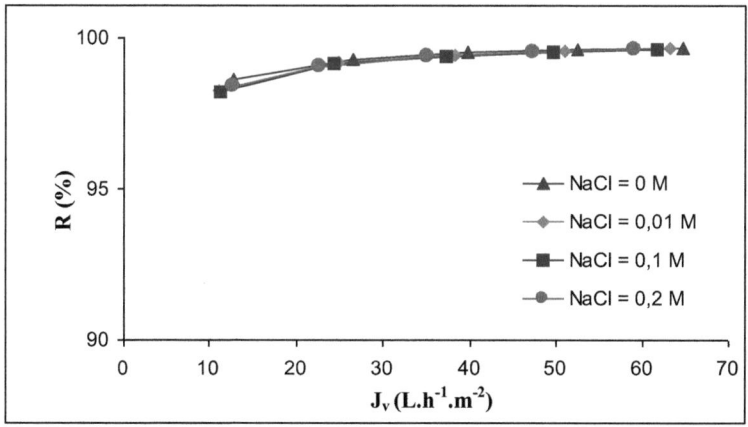

Figure IV-14 : Rétention des ions fluorure par la membrane AG à différentes concentrations de NaCl en fonction du flux de perméat, [NaF] = 10^{-2} mol.L^{-1}, Y = 15%.

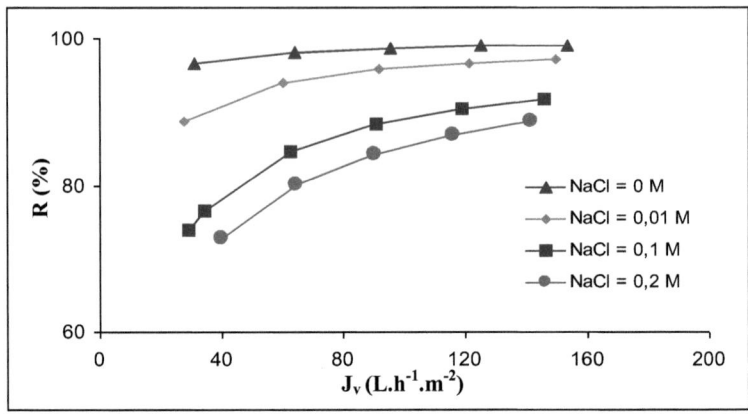

Figure IV-15 : Rétention des ions fluorure par la membrane HL à différentes concentrations de NaCl en fonction du flux de perméat, [NaF] = 10^{-2} mol.L^{-1}, Y = 15%.

IV. 3. 5. 2. Effet de la pression sur la rétention du fluor

L'influence de la pression d'alimentation sur la rétention des ions fluorure par les deux membranes AG et HL est étudiée pour des solutions de concentration variant entre 3.10^{-3} mol.L^{-1} et 10^{-1} mol.L^{-1} en maintenant le taux de conversion constant à 15% et en faisant varier la pression de 5 à 25 bars.

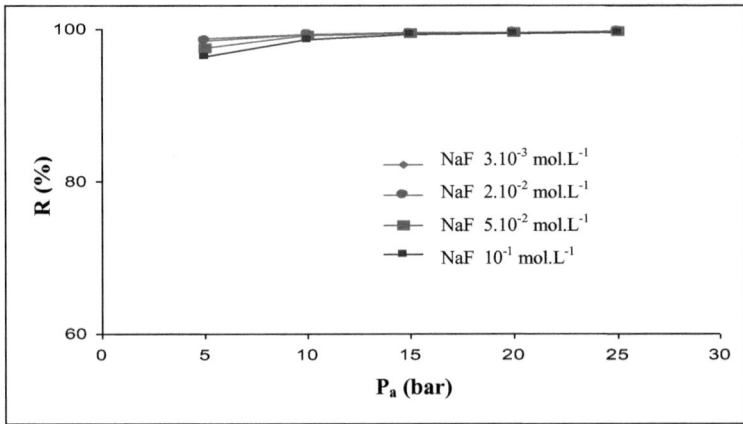

Figure IV-16 : Influence de la pression d'alimentation sur la rétention des ions fluorure par la membrane AG, Y = 15%.

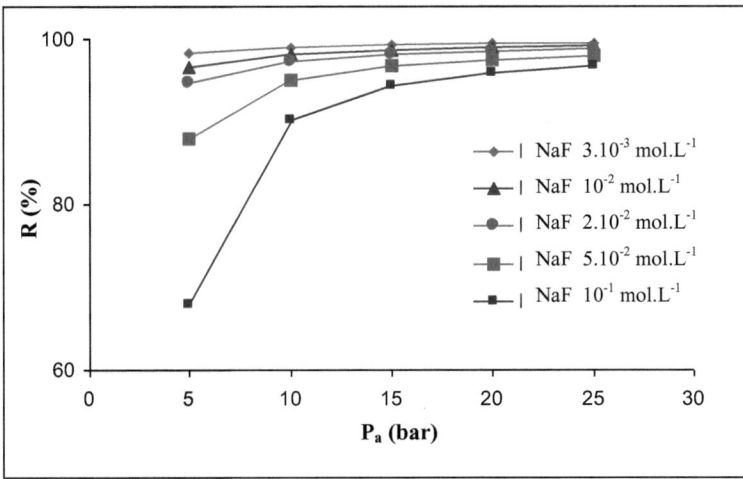

Figure IV-17 : Influence de la pression d'alimentation sur la rétention des ions fluorure par la membrane HL, Y = 15%.

Les résultats obtenus pour la membrane AG (figure IV-16) montrent que le taux de rétention des ions fluorure est très peu influencé par la pression dans toute la gamme de concentration étudié.

Pour le cas de la membrane HL (figure IV-17), l'effet de la pression sur la rétention des ions fluorure est très marqué et la rétention dépend non seulement de la pression mais aussi de la concentration, cela est du au mécanisme de transfert de la membrane HL. En effet la membrane HL est une membrane de nanofiltration qui se situe à la transition entre deux techniques qui sont l'ultrafiltration et l'osmose inverse, implique deux mécanismes différents de transfert de soluté ; tous deux agissant séparément mais de façon additive, sur le transfert. Le premier mécanisme, semblable à celui de l'osmose inverse, est de type diffusionnel, comme le cas de la membrane AG, il est indépendant du débit de solvant et de la pression ; il ne dépend que du gradient de concentration de part et d'autre de la membrane. Dans ce cas la sélectivité est d'avantage liée au coefficient de partage entre la membrane et la solution, qu'au coefficient de transfert. Le second mécanisme correspond à un entraînement sélectif des solutés par le solvant à travers la membrane : la convection. Ainsi pour une concentration d'alimentation de 10^{-3} mol/L, la diffusion prédomine et pour une concentration de 10^{-1} mol/L, les deux mécanismes interviennent ; pour des faibles pressions, l'augmentation des taux de rétention s'explique par un transfert convectif. Une augmentation de la pression modifie le mécanisme de transfert et devient la diffusion prédominante.

IV. 3. 5. 3. Comparaison de la rétention des ions fluorure avec d'autres anions

Les figures IV-18 et IV-19 présentent le taux de rétention des différents sels de sodium (NaCl, NaF, NaNO$_3$ et Na$_2$SO$_4$) à différentes pression d'alimentation et à la même concentration 2.10^{-2} mol/L en ions Na$^+$ par les deux membranes AG et HL.

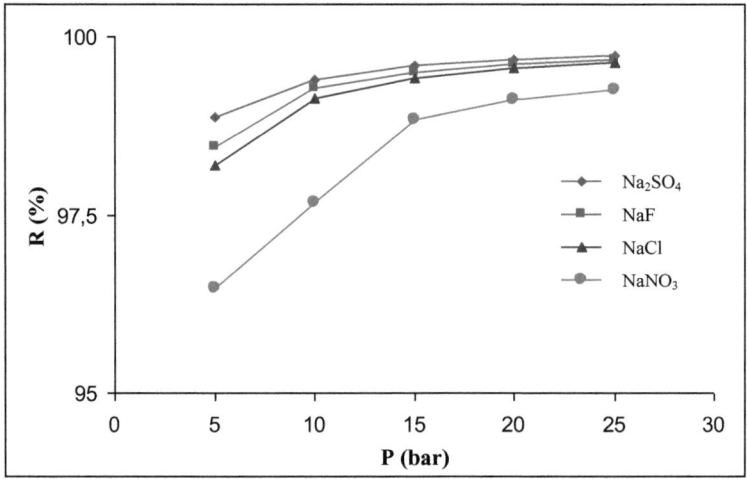

Figure IV-18 : Rétention des différents anions par la membrane AG en fonction de la pression d'alimentation, concentration d'alimentation = 2.10^{-2} mol.L^{-1}, y = 15%

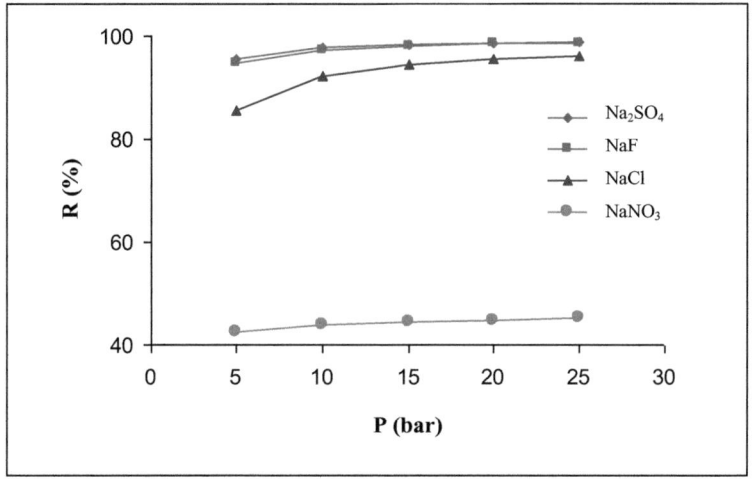

Figure IV-19 : Rétention des différents anions par la membrane HL en fonction de la pression d'alimentation, concentration d'alimentation = 2.10^{-2} mol.L^{-1}, y = 15%

L'ordre de rétention de ces sels par les deux membranes suit la séquence suivante :

$$R_{Na_2SO_4} > R_{NaF} > R_{NaCl} > R_{NaNO_3}$$

Bien que les deux membranes aient des mécanismes de transfert différents, l'ordre de rétention des différents sels est le même.

Pour la membrane AG, le mécanisme de transfert est de type diffusionnel et l'ordre de rétention des sels suit l'ordre des énergies d'hydratation. La figure IV-18 montre que les taux de rétentions des différents anions sont supérieurs à 95 %. Les ions polyvalents, d'énergies d'hydratation plus élevées, sont mieux retenus que les ions monovalents moins hydratés, conformément au mécanisme de solubilisation-diffusion, comme cela est le cas pour les ions sulfate par rapport aux ions fluorure, chlorure et nitrate. En effet, plus l'énergie d'hydratation d'un ion est élevée, mieux il est rejeté par les membranes hydrophiles dues à leur faible coefficient de partage avec la membrane [147].

La membrane HL étant chargé négativement et appartient à la catégorie où l'exclusion de Donnan joue un rôle important dans le mécanisme de séparation des sels. Ces membranes ont tendance à repousser de manière plus importante les anions multivalents que les anions monovalents. On peut aussi invoquer les effets de taille des ions solvatés pour expliquer les variations de rétention entre les anions associés au même cation, c'est-à-dire un anion est d'autant plus retenu que son rayon d'hydratation est élevé.

Bien que le rayon mesuré des ions nitrate soit pratiquement égale à celui des ions chlorure, les ions nitrate sont faiblement retenus par rapport aux ions chlorure dans le cas de la membrane HL.

Le taux de rétention anormalement faibles des ions nitrate a été signalé dans la littérature pour les membranes NF/RO [210, 211].

Fane et al. [210] suggèrent que l'hydratation est réduite par la présence de l'eau structure disjoncteur NO_3^- et augmente de structure de formation avec les ions tels que Na^+ et Cl^- qui forment des paires d'ions hydratés.

Dans des études récentes, Tansel et al. [212] ont rapporté que les petits ions monovalents (F^-) traversent la matrice de la membrane attachée à des molécules d'eau, tandis que les grands ions monovalents (NO_3^-) s'adsorbent sur la surface non polaire de la membrane, ce dernier processus exige la déshydratation partielle de l'ion et implique que ces ions se lient faiblement à des molécules d'eau immédiatement adjacentes [213].

Des études sur les phénomènes d'hydratation ont montré que les ions ayant la densité de charge élevée ont plusieurs liaisons fortes avec les molécules d'eau adjacentes (voir figure IV-17) [214].

Le passage d'une hydratation forte à une hydratation faible se produit à un rayon d'environ 1,78 Å pour les anions monovalents et 1,06 Å pour les cations monovalents.

Tansel et al. [212] ont conclu que, au cours de la filtration membranaire, les ions avec des fortes liaisons d'hydration (faible rayon atomique) sont incapables de détacher les couches d'hydration et peuvent être trop grands pour passer à travers les pores de la membrane. Cependant, les ions de faibles liaisons d'hydration (fort rayon atomique) peuvent lacher une partie ou la totalité des molécules d'eau d'hydration et peuvent traverser les pores de la membrane.

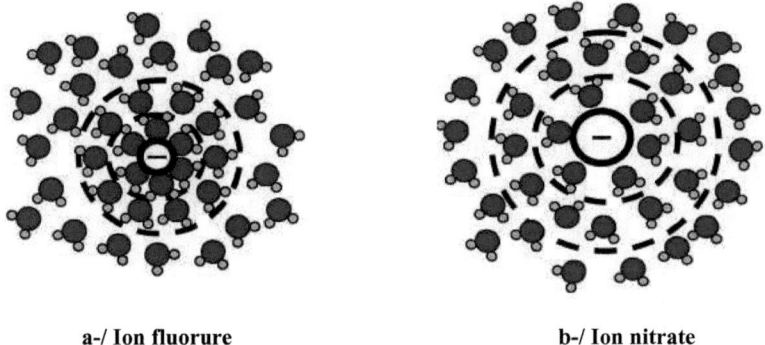

a-/ Ion fluorure   b-/ Ion nitrate

Figure IV-20 : Représentation schématique des coquilles d'hydratation autour d'un grand et d'un petit ion [197].

IV. 3. 6. Conclusion

Les résultats obtenus montrent que les membranes AG et HL présentent des comportements différents vis-à-vis de l'élimination des ions fluorure. En effet, la rétention des ions fluorure par la membrane AG ne dépend ni de la concentration de la solution d'alimentation en fluorure ni de la force ionique ni de la pression d'alimentation. Ceci est essentiellement dû au mécanisme de transfert de la membrane AG qui est diffusif. Contrairement à la nanofiltration où le mécanisme de transfert fait intervenir la diffusion et la convection. Pour des faibles pressions, le mécanisme de transfert est diffusif, par contre pour des concentrations élevées les deux mécanismes interviennent ; à des faibles pressions la convection prédomine et à des pressions élevées la diffusion l'emporte.

La rétention des ions fluorures a été comparée avec celle des anions chlorure, nitrate et sulfate et la séquence de rétention est la même pour les deux membranes.

Conclusion Générale

L'utilisation des procédés de nanofiltration et d'osmose inverse s'impose dans le domaine de traitement des eaux en général et le dessalement en particulier. Un pilote équipé d'une membrane d'osmose inverse et une membrane de nanofiltration a été conçu et réalisé dans notre laboratoire. Ce pilote nous a permis d'étudier les procédés d'OI, de NF et leurs couplages ainsi que leurs applications à l'élimination du bore et du fluor.

Les essais de caractérisation montrent que les deux membranes HL et AG utilisées sont chargés négativement et que leur perméabilités à l'eau pure sont respectivement de 7,3 et 3,17 $L.h^{-1}.m^{-2}.bar^{-1}$. L'étude de rétention de certains sels (NaCl, Na_2SO_4 et $CaCl_2$) en fonction de leur concentration, nous a permis de distinguer deux groupes de membranes selon l'ordre de rétention de ces sels. La membrane AG où le mécanisme de transfert est la solubilisation-diffusion et la rétention ne dépend que des coefficients de diffusion des sels et la membrane HL où le mécanisme d'exclusion de Donnan est principalement responsable de la rétention des ions. Les valeurs des rugosités des membranes AG et HL ont été estimées respectivement à 209,4 nm et 43,855 nm, indiquant que la membrane AG est la plus rugueuse traduisant une sensibilité au colmatage élevée par rapport à la membrane HL.

Une étude complémentaire a été effectuée pour déterminer les paramètres de transfert (flux de diffusion et de convection), des deux membranes, qui sont déduits à partir du modèle phénoménologique de Kedem et Katchelsky. Les résultats confirment que pour la membrane AG le transfert est purement diffusionnel, par contre la membrane HL implique deux mécanismes différents de transfert, tous deux agissant séparément mais de façon additive sur le transfert.

L'application de ces deux membranes au dessalement d'une eau saumâtre synthétique a permis de déterminer les conditions optimales de pression transmembranaire et de taux de conversion. Les valeurs de 25 bar et de 15 bar ont été retenue en tant que pressions transmembranaires optimales respectivement pour les membranes AG et HL. Ce choix a été effectué en tenant compte des recommandations des fournisseurs. Par contre le choix du taux de conversion a été effectué selon la composition ionique de la solution d'alimentation. Afin d'éviter la précipitation de certains sels à la surface de la membrane, le taux de conversion a été limité à 56 %.

Deux couplages membranaires, entre la membrane d'osmose inverse et la membrane de nanofiltration, ont été par la suite étudiés à savoir le couplage parallèle OI/NF avec re-circulation et le couplage série OI/NF.

Le couplage parallèle OI/NF avec re-circulation consiste à intégrer la membrane de nanofiltration comme étape de prétraitement. Les résultats de cette étude ont montré que la qualité de la solution d'alimentation s'est améliorée au cours du temps suite à la dilution en continue effectuée par la production de la membrane de nanofiltration. Les perméats récupérés après ce couplage ont présenté une meilleure qualité que ceux obtenus suite à l'OI seule : des taux de rétention dépassant les 98% pour les différents ions analysés ont été obtenu pour un taux de conversion de 70%. Le taux de conversion global du système peut atteindre les 90% après 30 minutes de fonctionnement.

Le couplage série OI/NF appelé aussi série-rejet consiste à traiter le rejet de la membrane d'osmose inverse par la membrane de nanofiltration. Ce couplage nous a permis une légère amélioration au niveau du taux de conversion, mais la qualité du perméat récupéré n'a pas été améliorée par rapport à celle obtenue de l'osmose inverse seule.

L'étude de l'élimination du bore par les deux membranes AG et HL a été effectuée et les résultats obtenus montrent que la rétention du bore dépend essentiellement de la nature de la membrane et du pH de la solution d'alimentation. En effet pour un pH = 8, les pourcentages d'élimination sont 46% et 30% par les membranes AG et HL, respectivement. Pour un pH = 11, les pourcentages d'éliminations peuvent atteindre des valeurs de 96 % par la membrane AG et 70% par la membrane HL. Ces taux de rétention sont sensibles à l'augmentation de la force ionique qui réduit la dissociation de l'acide borique et par conséquent sera moins sensible à l'effet de répulsion exercée par la membrane, contrairement à l'augmentation de la concentration en bore de la solution d'alimentation qui n'a pas d'effet significatif sur la rétention de cet élément.

Le pourcentage d'élimination du bore dépend aussi de la pression d'alimentation et du taux de conversion. Une augmentation de la pression d'alimentation entraîne une augmentation des taux de rétention. Par contre l'augmentation des taux de conversion provoque une diminution des pourcentages d'élimination du bore.

L'application du couplage parallèle OI/NF avec re-circulation à l'élimination du bore montre une amélioration au niveau des taux de rétention. Ce couplage présente l'avantage d'obtenir une concentration en bore dans le perméat de 0,81 mg.L^{-1} pour un pH = 9, en accord avec les directives de l'OMS pour la qualité de l'eau potable.

La rétention des ions fluorure a été étudiée par les deux membranes qui ont présenté des comportements différents vis-à-vis l'élimination de cet élément. En effet, la rétention des ions fluorure par la membrane AG ne dépend ni de la concentration de la solution d'alimentation en fluorure ni de la force ionique ni de la pression d'alimentation. Ceci est essentiellement dû au mécanisme de transfert de la membrane AG qui est diffusif, contrairement à la nanofiltration où le mécanisme de transfert fait intervenir la diffusion et la convection. Pour des concentrations inférieures à 2.10^{-2} mol.L^{-1}, nous avons constaté que le taux de rétention est constant sur toute la gamme de pression étudiée et les allures des courbes obtenues sont semblables à celles obtenues en osmose inverse indiquant que le transfert est essentiellement diffusif. Pour des pressions au-delà de 10 bars, les deux mécanismes interviennent. À des pressions inférieures à 10 bars, nous avons constaté que le taux de rétention augmente tout en augmentant la pression ce qui implique que la sélectivité est purement physique : c'est la convection. Pour des pressions supérieures à 10 bars, une stabilité au niveau des taux de rétention a été constatée indiquant que la diffusion l'emporte sur la convection.

La rétention des ions fluorure a été comparée avec celle des anions chlorure, nitrate et sulfate et la séquence de rétention par les deux membranes est la suivante :

$$R_{Na_2SO_4} > R_{NaF} > R_{NaCl} > R_{NaNO_3}$$

Cet ordre pourrait s'expliquer par l'ordre des énergies d'hydratation des ions dans le cas de la membrane AG et par l'exclusion de Donnan pour la membrane HL.

Les expériences réalisées dans le présent travail méritent d'être appliquées aux eaux naturelles (eaux saumâtres et eaux de mer) et aux eaux usées en mettant en œuvre d'autres types de membranes et d'autres types de couplages.

Liste des tableaux

Tableau I-1 :	Comparaison des techniques séparatives à membrane [28].	19
Tableau II-1 :	Principales caractéristiques de la membrane d'osmose inverse.	47
Tableau II-2 :	Principales caractéristiques de la membrane de nanofiltration.	48
Tableau II-3 :	Classification des eaux d'après leur conductivité [136].	54
Tableau II-4 :	Test de spécificité : temps de rétention des anions Cl^- et SO_4^{2-}.	58
Tableau II-5 :	Calculs statistiques pour le test de linéarité: Analyse de Cl^-.	61
Tableau II-6 :	Test d'exactitude : Analyse de Cl^-.	62
Tableau II-7 :	Test de répétabilité : Analyse de Cl^-.	63
Tableau II-8:	Calculs statistiques pour le test de répétabilité : Analyse de Cl^-.	63
Tableau II-9:	Test de reproductibilité : Analyse de Cl^-.	65
Tableau II-10:	Calculs statistiques pour le test de reproductibilité : Analyse de Cl^-.	66
Tableau II-11 :	Test de spécificité : temps de rétention des cations K^+ et Na^+.	68
Tableau II-12 :	Calculs statistiques pour le test de linéarité: Analyse de Na^+.	69
Tableau II-13 :	Test d'exactitude : Analyse de Na^+.	69
Tableau II-14 :	Test de répétabilité : Analyse de Na^+.	70
Tableau II-15 :	Calculs statistiques pour le test de répétabilité : Analyse de Na^+.	70
Tableau II-16:	Test de reproductibilité : Analyse de Na^+.	71
Tableau II-17:	Calculs statistiques pour le test de reproductibilité : Analyse de Na^+.	71
Tableau II-18 :	Comparaison des différentes méthodes d'analyse du bore [137].	74
Tableau III-1 :	Coefficients de diffusion des différents électrolytes [153].	86
Tableau III-2 :	Valeurs de C_{conv} et J_{diff} obtenues pour les membranes HL et AG pour les deux sels $NaCl$ et Na_2SO_4 à deux concentrations 10^{-3} et 10^{-1} mol.L^{-1}, $Y = 10\%$.	94

Tableau III-3 : Analyse physico-chimique de l'échantillon d'eau saumâtre............................ 95

Tableau III-4 : Produit de solubilité en fonction du taux de conversion. 105

Tableau III-5 : Résultats de l'analyse physico-chimique de la solution d'alimentation, ΔP (NF) =15 bar et Y (NF) = 40 %. 110

Tableau III-6 : Résultats de l'analyse physico-chimique du rejet de la membrane d'osmose inverse ΔP = 25 bar et Y = 50 %. 114

Tableau III-7 : Résultats de l'analyse physico-chimique du perméat du système global.......... 115

Tableau IV-1 : Variation du pourcentage du bore éliminé en fonction de la force ionique de la solution, P_a = 15 bar, Y = 15 % et pH = 7,5... 127

Tableau IV-2 : Effet des anions en solution sur l'élimination du bore, [B]=5 mg.L^{-1}, Y =15 %, P_a = 15 % et pH = 7,5.. 128

Tableau IV-3 : Effet des cations en solution sur l'élimination du bore, [B]=5 mg.L^{-1}, Y =15 %, P_a = 15 % et pH = 7,5.. 129

Liste des figures

Figure I-1 :	Membrane sélective [6].	5
Figure I-2 :	Schéma représentatif d'une membrane symétrique poreuse.	6
Figure I-3 :	Schéma représentatif d'une membrane symétrique dense.	6
Figure I-4 :	Schéma représentatif d'une membrane asymétrique.	7
Figure I-5 :	Schéma représentatif d'une membrane composite.	7
Figure I-6 :	Schéma d'une membrane anisotrope.	9
Figure I-7 :	Modules tubulaires.	11
Figure I-8 :	Modules à fibres creuses [18].	12
Figure I-9 :	Structure interne d'une membrane à spirale [21].	13
Figure I-10 :	Filtration Frontale [22].	14
Figure I-11 :	Écoulement tangentiel.	15
Figure I-12 :	Classification des procédés membranaires.	18
Figure I-13 :	Osmose Directe.	22
Figure I-14 :	Osmose inverse.	22
Figure I-15 :	Séparation membranaire : concept de base	39
Figure I-16 :	Polarisation de concentration.	39
Figure I-17 :	Scénarios de colmatage d'une membrane	42
Figure II-1:	Membrane d'osmose inverse.	47
Figure II-2 :	Membrane de nanofiltration.	48
Figure II-3:	Schéma du pilote pour le traitement des eaux saumâtres.	52

Figure II-4:	Photo du pilote pour le dessalement des eaux saumâtres.	53
Figure II-5 :	Schéma d'un appareil de chromatographie ionique.	57
Figure II-6:	Chromatogramme d'une solution standard d'ions chlorure, nitrate, sulfate et fluorure.	67
Figure II-7 :	Chromatogramme d'une solution standard d'ions sodium, potassium, calcium et magnésium.	73
Figure II-8 :	Variation de l'absorbance en fonction de la longueur d'onde	77
Figure II-9 :	Courbe d'étalonnage de dosage du bore par la méthode	77
Figure III-1 :	Mesure de la perméabilité à l'eau pure des deux membranes à 25°C.	81
Figure III-2 :	Mesure de la perméabilité à l'eau pure de la membrane AG à différentes températures	82
Figure III-3 :	Mesure de la perméabilité à l'eau pure de la membrane HL à différentes températures	82
Figure III-4 :	La molécule de polyamide et ses équilibres acido-basiques	84
Figure III-5 :	Variation du taux de rétention des sels en fonction de la concentration d'alimentation pour la membrane AG.	85
Figure III-6 :	Variation du taux de rétention des sels en fonction de la concentration d'alimentation pour la membrane HL.	85
Figure III-7 :	Image AFM plane et en 3D de la membrane HL	88
Figure III-8 :	Image AFM plane et en 3D de la membrane AG	89
Figure III-9 :	Evolution du taux de rétention des ions monovalents en fonction de la pression d'alimentation.	91
Figure III-10 :	Evolution du taux de rétention des ions bivalents en fonction de la pression d'alimentation.	91
Figure III-11 :	Variation de C_p en fonction de $1/J_v$ pour la membrane AG, $Y = 10\%$.	93
Figure III-12 :	Variation de C_p en fonction de $1/J_v$ pour la membrane HL, $Y = 10\%$.	93
Figure III-13 :	Evolution du flux de perméat en fonction de la pression transmembranaire pour la membrane AG.	96

Figure III-14 : Evolution du flux de perméat en fonction de la pression transmembranaire pour la membrane HL. 96

Figure III-15-a : Influence de la pression transmembranaire sur la rétention des cations majeurs par la membrane AG. 98

Figure III-15-a : Influence de la pression transmembranaire sur la rétention des anions majeurs par la membrane AG. 98

Figure III-16-a : Influence de la pression transmembranaire sur la rétention des cations majeurs par la membrane HL. 99

Figure III-16-b : Influence de la pression transmembranaire sur la rétention des anions majeurs par la membrane HL. 99

Figure III-17 : Influence du taux de conversion sur le flux de perméat pour les membranes AG et HL. 101

Figure III-18-a : Effet du taux de conversion sur la rétention des cations majeurs par la membrane AG. 102

Figure III-18-b : Effet du taux de conversion sur la rétention des anions majeurs par la membrane AG. 102

Figure III-19-a : Effet du taux de conversion sur la rétention des cations majeurs par la membrane HL. 103

Figure III-19-b : Effet du taux de conversion sur la rétention des anions majeurs par la membrane HL. 103

Figure III-20 : Couplage paralléle OI/NF avec re-circulation. 108

Figure III-21 : Etude de la rétention des cations majeurs par le couplage parallèle OI/NF avec re-circulation. 111

Figure III-22 : Etude de la rétention des anions majeurs par le couplage parallèle OI/NF avec re-circulation. 112

Figure III-23 : Couplage série OI/NF 113

Figure III-24 : Etude de la rétention des cations majeurs par le couplage série OI/NF. 116

Figure III-25 : Etude de la rétention des anions majeurs par le couplage série OI/NF. 116

Figure IV-1: Diagramme de répartition des espèces de bore en fonction du pH; à 25°C 122

Figure IV-2 :	Effet du pH sur l'élimination du bore, $[B]_0 = 5$ mg L^{-1}, $P_a = 10$ bar, $Y = 50\%$. 124	
Figure IV-3 :	Concentration du bore dans le perméat en fonction du pH, $[B]_0 = 5$ mg L^{-1}, $P_a = 10$ bar, $Y = 50\%$. 124	
Figure IV-4 :	Taux d'élimination du bores en fonction de la concentration d'alimentation, pH = 7.5, $P_a = 15$ bar, y = 15 %. 126	
Figure IV-5 :	Variation du pourcentage du bore éliminé en fonction de la force ionique de la solution, $P_a = 15$ bar, $Y = 15$ % et pH = 7,5 127	
Figure IV-6:	Influence de la pression d'alimentation sur le taux de rétention, $[B]_o = 5$mg L^{-1}, $Y = 15$ % et pH = 7,5. 130	
Figure IV-7:	Influence du taux de conversion sur le taux de rétention, $[B]_o = 5$mg L^{-1}, $P_a = 15$ bar et pH = 7,5 131	
Figure IV-8:	Effet du pH sur l'élimination du bore par le couplage partalléle OI/NF avec recirculation 132	
Figure IV-9 :	Concentration du bore dans le perméat en fonction du pH par le couplage partalléle OI/NF avec recirculation. 133	
Figure IV-10 :	Illustration d'une fluorose dentaire : Email tacheté 136	
Figure IV-11 :	Illustration de quelques cas atteint d'une fluorose osseuse 137	
Figure IV-12 :	Influence de la concentration d'alimentation sur l'élimination des ions fluorure par la membrane AG, $Y = 15\%$. 142	
Figure IV-13 :	Influence de la concentration d'alimentation sur l'élimination des ions fluorure par la membrane HL, $Y = 15\%$ 142	
Figure IV-14 :	Rétention des ions fluorure par la membrane AG à différentes concentrations de NaCl en fonction du flux de perméat, [NaF] = 10^{-2} mol.L^{-1}, $Y = 15\%$. 143	
Figure IV-15 :	Rétention des ions fluorure par la membrane HL à différentes concentrations de NaCl en fonction du flux de perméat, [NaF] = 10^{-2} mol.L^{-1}, $Y = 15\%$. 144	
Figure IV-16 :	Influence de la pression d'alimentation sur la rétention des ions fluorures par la membrane AG, $Y = 15\%$ 144	
Figure IV-17 :	Influence de la pression d'alimentation sur la rétention des ions fluorures par la membrane HL, $Y = 15\%$ 145	

Figure IV-18 : Rétention des différents anions par la membrane AG en fonction de la pression d'alimentation, concentration d'alimentation = 2.10^{-2} mol/L, y = 15%............ 146

Figure IV-19 : Rétention des différents anions par la membrane HL en fonction de la pression d'alimentation, concentration d'alimentation = 2.10^{-2} mol/L, y = 15%............ 147

Figure IV-20 : Représentation schématiques des coquilles d'hydratations autour d'un grand et d'un petit ion [198]... 149

Références Bibliographiques

[1] B.S. Parckh, Reverse osmosis technology, Marcel Dekker, new York (1998).

[2] R.W. Baker, Membrane Technology and Applications, 2nd edition, Membrane Technology and Research, Mc. Graw Hill, New York (2000).

[3] J.M. Berland et C. Juery. Les procédés membranaires pour le traitement de l'eau. Document technique, FNDAE N°14 (2002).

[4] M. Boughenou, Contribution à la compréhension des phénomènes de transfert de solutés en nanofiltration : caractérisation des membranes et application aux composés toxiques, Thèse de doctorat, Institut National Polytechnique de Toulouse, France (1997).

[5] R. Audinos, improvement of metal recovery by electrodialysis, J. Membr. Sci., 27(1986)143-154

[6] J. Mallevialle, P.E. Odendaal, M.R. Wiesner, The emergence of membranes in water and waste water treatment, In: Water Treatment Membrane Process, Chapitre 1, McGraw-Hill, (1996).

[7] P. Aptel and C. A. Buckley, Categories of membrane operations, Water Treatment Membrane Processes, Lyonnaise des Eaux, Water Research Commisssion of South Africa, McGraw-Hill, New York (1996).

[8] M. Satin, B. Selmi, L'élimination de l'azote et du phosphore. Traitements complémentaires, Guide technique de l'assainissement, Editions Le Moniteur, Paris (1999) 429-463.

[9] A. J. Burggraaf, L. Cot, Fundamentals of inorganic membrane science and technology, Elsevier, 1996.

[10] C.J. Brinker, T.L. Ward, R. Sehgal, N.K. Raman, S.L. Hietala, D.M. Smith, D.-W. Hua, T.J. Headley, Ultramicroporous silica-based supported inorganic membranes, J. Membr. Sci., 77(1993)165.

[11] L. Cot, l'actualité chimique, 3 Juillet 1998.

[12] Q. Minh Nguyen, Ceramic fuel cells, J. Am. Ceram. Soc., 76(1993)563-588.

[13] U. Balachandran, T. J. Dusek, S. M. Sweeney, R. B. Poeppel, R. L. Mieville, P. S. Maiya, M. S. Kleefisch, S. Pei, T. P. Kobylinski, C. A. Udovich, A. C. Bose, J. Am. Ceram. Soc. Bull., 74(1995)71-75.

[14] J.N. Armor, Appl. Cat., 49(1989)1.

[15] A. Julbe, C. Guizard, A. Larbot, L. Cot, A. Giroir-Fendler, The sol-gel approach to prepare candidate microporous inorganic membranes for membrane reactors, J. Membr. Sci., 77(1993)137-153.

[16] P.M. Eggersted, J.F. Zievers, E.C. Zievers, Choose the Right Ceramic for Filtering Hot Gases, Chemical Engineering Progress, (1993) 62.

[17] P. Lacan, C. Guizard, P. Le Gall, D. Wettling, L. Cot, Facilitated transport of ions through fixed-site carrier membranes derived from hybrid organic-inorganic materials, J. Membr. Sci., 100(1995)99-109.

[18] C. Bouchard, P. Kouadio, D. Ellis, M. Rahni, R. E. Lebrun, Les procédés à membranes et leurs applications en production d'eau potable, Vecteur Environnement, 33(2000)28-38.

[19] P. Aptel, C.A. Buckley, Categories of membrane operations, Chapitre 2 du livre Water Treatment Membrane Processes, AWWA-Research Foundation, Lyonnaise des eaux, Water Research Commission of South Africa, McGraw-Hill, new York, NY, (1996).

[20] H. Buisson, T. Lebeau, C. Lelievre, L. Herremans, Les membranes : point sur les évolutions d'un outil incontournable en production d'eau potable, l'eau, l'industrie, les nuisances, (1998) 42-47.

[21] Degrément & Syndicat du pays de la filière : la station de traitement par membranes des eaux de Pont de Pierre (Haute Savoie) – plaquette.

[22] G. Belfort, R.H. Davis, A.L. Zydney, The behavior of suspensions and macromolecular solutions in cross flow microfiltration, J. Membr. Sci., 96(1994)1-58.

[23] M. Pontié, Les techniques séparatives à membrane : théorie, applications et perspectives, UIE – CEE CNIT Espace Elec., Paris, (2001).

[24] J.L. Humphrey, G.E. Keller, Procédés de séparation : techniques, sélection, dimensionnement, Dunod, Paris (2001).

[25] C. Anselme, E.P. Jacobs, Ultrafiltration, Water Treatment Membrane Processes, Lyonnaise des Eaux, Water Research Commisssion of South Africa, McGraw-Hill, New York (1996).

[26] R.R. Sharma, R. Agrawal, S. Chellam, Temperature effects on sieving characteristics of thin-film composite nanofiltration membranes: pore size distributions and transport parameters, J. Membr. Sci. 223 (2003)69-87.

[27] J.P. Brun, Procédés de séparation par membranes: transport, techniques membranaires, applications, Masson, Paris, 1989.

[28] N.K. Man, J. Zingraff et P. Jungers, L'hémodialyse chronique, Flammarion (1996).

[29] R.C. Squires, Removal of heavy metals from industrial effluent by cross flow microfiltration, Wat. Sci. Tech., 25(1992)55-67.

[30] C. Menjeaud, Treatment and regeneration of wastewater produced by industrial laundry with inorganic membranes, Key Eng. Materials, 61(1991)589-592.

[31] TechTendances, Technologies et applications des membranes de filtration, Paris : Innovation, 128(1993)441.

[32] G. Gesan, G. Daufin, Microfiltration tangentielle de lactosérums doux prétraités : mécanisme de colmatage et conduite opératoire, Cahier scientifique IAA, 112(1995) 633-640

[33] G. Gésan, G. Daufin, Merin U., Performance of whey crossflow microfiltration during transient and stationary operating conditions, J. Membr. Sci., 104(1995)271-281.

[34] SN. Gaeta, Application of membrane processes to textile industry : development of specific membrane and process, 4th Brite-EuRam Conference Processing, Séville, (1992)86-89

[35] S.H. Lin, W.J. Lan, Polyvinylalcohol recovery by ultrafiltration : effects of membrane type and operating conditions, Sep. Tech., 5(1995)97-103.

[36] A. Zaidi, Ultra and nanofiltration in advanced effluent treatment schemes for pollution control in pulp and paper industry, Wat. Sci. Tech., 25(1992)263-276.

[37] M. Pontié, F. Bedioui, Les techniques séparatives à membranes – Théorie, applications et perspectives, édité par l'Union Internationale pour les Applications de l'Électricité et le Club Électrotechnologie Enseignement, (2001).

[38] A. Maurel, Dessalement de l'eau de mer et des eaux saumâtres et autres procédés non conventionnels d'approvisionnement en eau douce, Technique et documentation, (2001).

[39] O. Kedem, A. Katchalsky, Thermodynamic analysis of the permeability of biological membranes to non electrolytes, Biochimica et Biophysica Acta, 27(1958)229-246.

[40] B. Van der Bruggen, C. Vandecasteele, Modelling of the retention of uncharged molecules with nanofiltration, Water Research 36(2002)1360-1368.

[41] A. Kargol, A mechanistic model of transport processes in porous membranes generated by osmotic and hydrostatic pressure, J. Membr. Sci. 191(2001)61-69.

[42] K. S. Spiegler, O. Kedem. Thermodynamics of hyperfiltration (reverse osmosis): criteria for efficient membranes, Desalination 1(1966)311-326.

[43] K. O. Agenson, J. I. Oh, T. Urase, Retention of a wide variety of organic pollutants by different nanofiltration/reverse osmosis membranes: controlling parameters of process, J. Membr. Sci. 225(2003)91-103.

[44] J. Straatsma, G. Bargeman, H. C. Van Der Host, J. A. Wesselingh. Can nanofiltration be fully predicted by a model, J. Membr. Sci. 198(2002)273-284.

[45] M. Soltanieh, S. Sahebdelfar, Interaction effects in multicomponent separation by reverse osmosis, J. Membr. Sci. 183(2001)15-27.

[46] P. Y. Pontalier, A. Ismail, M. Ghoul. Specific model for nanofiltration, Journal of Food Engineering 40(1999)145-151.

[47] M. E. Williams, A review of reverse osmosis theory, Williams Engineering Services Company, Inc., Albany (2003).

[48] H. Londsdale, U. Merten, R. Riley, Transport properties of cellulose acetate osmotic membranes, Journal of Applied Polymer Science 9(1965)1341.

[49] A. Maurel, Osmose inverse et ultrafiltration – considération théoriques, Technique de l'ingénieur, J2790(1993)7-10.

[50] T. Sherwood, P. Brian, R. Fisher, Desalination by Reverse Osmosis, Industrial and Engineering Chemistry Fundamentals 6(1967)2.

[51] C. Peri, P. Battisti, D. Setti, Solute transport and permeability characteristics of reverse osmosis membranes, Lebensmittel Wissenschaft und -Technologie 6(1973)127.

[52] M. E. Williams, J. A.Hestekin, C. N. Smothers, D. Bhattacharyya, Separation of organic pollutants by reverse osmosis and nanofiltration membranes: mathematical models and experimental verification, Industrial and Engineering Chemistry Research 38(1999)3683-3695.

[53] S. Sourirajan, Reverse Osmosis, London, logos press Limited (1970).

[54] U. Merten, Transport Properties of osmotic membranes in: Desalination by reverse osmosis. Merten U. Cambridge, MA, MIT Press (1966)15-54.

[55] G. Jonsson, C. Boesen, Water and solute transport trough cellulose acetate reverse osmosis membranes, Desalination 17(1975)145-165.

[56] S.Sourirajan, T. Matsuura, Reverse osmosis/Ultrafiltration principles, Ottawa, National Research Council of Canada (1985).

[57] P. Eriksson, Nanofiltration extend the range of membrane filtration, Environ. Progress, 7(1988)58-62.

[58] W. J. Conlon, S. A. Mc Clellan, Membrane sotening: A treatment process comes of age, Journal of AWWA, 11(1989)47-51.

[59] J. S. Taylor, L. A. Mulford, S. J. Duranceau, W. M. Barrett, Cost and performance of a membrane pilot plant., Journal of AWWA, 81(1989)52-60.

[60] W. J. Conlon, , Pilot field test data for prototype ultra low reverse osmosis elements, Desalination, 56(1985)203-226.

[61] J. Cadotte, R. Forester, M. Kim, R. Paterson, Nanofiltration membranes broaden the use of membrane separation technology, Desalination, 70(1988)77-83.

[62] D. Pepper, RO fractionation membranes, Desalination, 70(1988)89-92.

[63] A. Boye, C. Guizard, A. Larbort, L. Cot, A. Arangeon, A polyphosphazene membrane active in nanofiltration, inorganique membranes ICIM2-91, Trans tech publications Montpellier II (1991).

[64] P. Y. Pontalier, A. Ismail, M. Ghoul, Etude de l'influence des conditions opératoires sur la séparation sélective des ions par des membranes de nanofiltration, Cahier scientifique IAA, 112(1995)642-646.

[65] C.E. Nielsen, Membrane filtration for strong effluents, Water Management International (Water and Wastewater Treatment), (1995)77-80.

[66] H.S. Alkhatim, Treatment of whey effluents from dairy industries by nanofiltration membranes, Desalination, 119(1998)177-183.

[67] K. Kosutic, L. Kastelan-Kunst, B. Kunst, Porosity of some commercial reverse osmosis and nanofiltration polyamide thin-film composite membranes, J. Membr. Sci. 168(2000)101-108.

[68] Y. Kiso, Y. Nishimura, T. Kitao, K. Nishimura. Rejection properties of non- phenylic pesticides with nanofiltration membranesn, J. Membr. Sci., 171(2000)229-237.

[69] Y. Kiso, T. Kon, T. Kitao, K. Nishimura, Rejection properties of alkyl phthalates with nanofiltration membranes, J. Membr. Sci., 182(2001a)205-214.

[70] C. Bellona, J. E. Drewes, P. Xu, G. Amy, Factors affecting the rejection of organic solutes during NF/RO treatment - a literature review, Water Research, 38(2004)2795-2809.

[71] K. O. Agenson, J. I. Oh, T. Urase. Retention of a wide variety of organic pollutants by different nanofiltration/reverse osmosis membranes: controlling parameters of process, J. Membr. Sci., 225(2003)91-103.

[72] Y. Yoon, R. M. Lueptow, Removal of organic contaminants by RO and NF membranes, J. Membr. Sci. 261(2005)76-86.

[73] T. Gumi, M. Valiente, K. C. Khulbe, C. Palet, T. Matsuura, Characterization of activated composite membranes by solute transport, contact angle measurement, AFM and ESR, J. Membr. Sci., 212(2003)123-134.

[74] D. Norberg, S. Hong, J. Taylor, Y. Zhao, Surface characterization and performance evaluation of commercial fouling resistant low-pressure RO membranes, Desalination 202(2007)45-52.

[75] J. D. Ferry, Ultrafilter membranes and ultrafiltration, Chem. Rev., 18(1936)373-455.

[76] Y. Kiso, Y. Sugiura, T. Kitao, K. Nishimura, Effects of hydrophobicity and molecular size on rejection of aromatic pesticides with nanofiltration membranes, J. Membr. Sci., 192(2001b)1-10.

[77] H. Ozaki, H. Li, Rejection of organic compounds by ultra-low pressure reverse osmosis membrane, Water Research, 36(2002)123-130.

[78] P. Berg, G. Hagmeyer, R. Gimbel, Removal of pesticides and other micropollutants by nanofiltration, Desalination, 113(1997)205-208.

[79] B. Van der Bruggen, J. Schaep, D. Wilms, C. Vandecasteele, Influence of molecular size, polarity and charge on the retention of organic molecules by nanofiltration, J. Membr. Sci., 156(1999)29-41.

[80] Y. Shim, H. J. Lee, S. Lee, S. H. Moon, J. Cho, Effects of natural organic matter and ion species on membrane surface charge, Environnemental Science and Technology, 36(2002)3864-3871.

[81] L. Braeken, B. Bettens, K. Boussu, P. Van der Meeren, J. Cocquyt, J. Vermant, B.Van der Bruggen, Transport mechanisms of dissolved organic compounds in aqueous solution during nanofiltration, J. Membr. Sci., 279(2006)311-319.

[82] R. Macoun, A. Fane, Water (Artarmon, Aust.), 19(1992)26.

[83] M. E. Heyde, C. R. Peters, J. E. Anderson, Factors influencing reverse osmosis rejection of inorganic solutes from aqueous solutions, Journal of Colloid and Interface Science, 50(1975)467-487.

[84] W. R. Bowen, F. Jenner, Dynamic ultrafiltration model for charged colloidal dispersions, AWigmer-seitz cell approach, Chem. Eng. Sci., 50(1995)1707-1736.

[85] A. W. Adamson, Physical chemistry of surfaces, John Wiley & sons, New York. 1976,

[86] F. F. Nazzal, M. R. Wiesner, pH and ionic strength effects on the performance of ceramic membranes in water filtration, J. Membr. Sci., 93(1994)91-103.

[87] H. S. Frank, M. W. Evans, Free volume and entropy in condensed systems, J. Chem. Phys., 13(1945)507-532.

[88] C. Menjeaud, M. Pontalie, M. Rumeau, Mécanismes de transfert en osmose inverse, Entropie, 179(1993)13-29.

[89] C. Combe, Estimation de la sélectivité en nanofiltration à partir des propriétés du matériau membranaire, Modéles de transport, Thèse, Université Paul Sabatier, Toulouse, (1996).

[90] C. Eyraud, J. Lenoir, C. Bardot, J. Charpin, P. Bergez, J. M. Maetinet, Déminéralisation ultime par membranes d'ultrafiltration chargées, FILTRA 88, Société Française de Filtration (1988)529.

[91] R. G. Macoun, Y. R. Shen, A. G. Fane, C. J. D. Fell, Nanofiltration: Theory and applications to ionic separations, Proc. CHEMICA 91, Newcastle, Australia (1991)398

[92] P. Y. Pontalier, Identification et modélisation du transfert de matiére dans des membranes de nanofiltration, these Institut polytechnique de Lorraine (1996).

[93] K. Tahri, Desalination experience in Morocco, Desalination, 136(2001)43-48.

[94] M. Abdel-Jawad, S. Al-Shammari, J. Al-Sulaimi, Non-conventional treatment of treated municipal wastewater for reverse osmosis, Desalination 142(2002)11-18.

[95] Y. Al-Wazzan, M. Safar, A. Mesri, Reverse osmosis brine staging treatment of subsurface water, Desalination 155(2003)141-151.

[96] IDA Worldwide Desalting Plants Inventory N° 17, Wangnick Consulting GMBH and IDA, (2000).

[97] J. A. Redondo, Brackish-, sea- and wastewater desalination, Desalination, 138(2001)29-40.

[98] P. Tjomb, Eaux de chaudière : Dailycer se dote de l'osmose inverse, La revue de l'industrie agro-alimentaire, 15/11/1999.

[99] J. C. Lozier, M. Carlson, Organics removal from eastern U.S. surface water using ultra- low pressure membranes, AWWA Seminar, Orlando(1991).

[100] N. Tanghe, V. Kopp, S. Dard, M. Faivre, Application of nanofiltration to obtain drinking water, Rec. Prog. Gén. Proc., Lavoisier technique et documentation, 6(1992)21.

[101] J. Schaep, B. V. Bruggen, S. Uytterhoeven, R. Croux, C. Vandecasteele, D. Wilms, E. V. Houtte, F. Vanlerberghe, Removal of hardness from groundwater by nanofiltration, Desalination, 119(1998)295-301.

[102] N. Hilal, H. Al-Zoubi, A. W. Mohammad, N. A. Darwish, Nanofiltration of highly concentrated salt solutions up to seawater salinity, Desalination 184(2005)315-326.

[103] B. Van der Bruggen, C. Vandecasteele, Removal of pollutants from surface water and groundwater by nanofiltration: overview of possible applications in the drinking water industry, Environmental Pollution 122(2003)435-445.

[104] A. L. Ahmad, L. S. Tan, S. R. Abd. Shukor, Dimethoate and atrazine retention from aqueous solution by nanofiltration membranes, Journal of Hazardous Materials 151(2008)71–77.

[105] Y. Zhang, B. Van der Bruggen, G. X. Chena, L. Braeken, C. Vandecasteele, Removal of pesticides by nanofiltration: effect of the water matrix, Separation and Purification Technology, 38(2004)163–172.

[106] K. Hu, J. M. Dickson, Nanofiltration membrane performance on fluoride removal from water, J. Membr. Sci., 279 (2006) 528–529.

[107] A .H. Bannoud, Y. Darwich, Elimination des ions fluorure et manganèse contenus dans les eaux par nanofiltration, Desalination 206 (2007) 449-456.

[108] S. Sarp, S. Lee, X. Ren, E. Lee, K. Chon, S. H. Choi, In. S. Kim, J. Cho, Boron removal from seawater using NF and RO membranes, and effects of boron on HEK 293 human embryonic Kidney cell with respect to toxicities, Desalination, 223(2008)23-30.

[109] T. Urase, J. Oh, K. Yamamoto, Desalination, 117(1998)11.

[110] M. A. Thompson, Z. K. Chowdhury, Evaluating arsenic removal technologies, Proc., AWWA Annual Conference, San Antonio, TX, 1993.

[111] S.D. Chang, Removal of arsenic by enhanced coagulation and membrane technology, in: Critical Issues in Water and Wastewater Treatment, ASCE, Boulder, CO, 1994.

[112] G. T. Ballet, L. Gzara, A. Hafiane, M. Dhahbi, Transport coefficients and cadmium salt rejection in nanofiltration membrane, Desalination, 167(2004)369-376.

[113] M. Mänttäri, J. Nuortila-Jokinen, M. Nyström, Influence of filtration conditions on the performance of NF membranes in the filtration of paper mill total effluent, J. Membr. Sci., 137(1997)187-199.

[114] I. Koyuncu, F. Yalcin, I. Ozturk, Color removal of high strength paper and fermentation industry effluents with membrane technology, Water Science and Technology, 40(1999)241-248.

[115] C. Mouchet, Préparation et caractérisation de couches poreuses en zircone-application à la nanofiltration, Thèse, Université Montpellier II (1993).

[116] D. Mukherjee, A. Kulkarni, W. N. Gill, Membrane based system for ultrapure hydrofluoric acid etching solutions, J. Membr. Sci., 109(1996)205-217.

[117] Y. Benito, M. L. Ruiz Reverse osmosis applied to metal finishing wastewater, Desalination, 142(2002)229-234.

[118] J. J. Qin, M. H. Oo, M. N. Wai, F. S. Wong, Effect of feed pH on an integrated membrane process for the reclamation of a combined rinse water from electroless nickel plating. J. Membr. Sci. 217(2003)261-268.

[119] S. H. Lin, C. R. Yang, Chemical and physical pretreatment of chemical mechanical polishing wastewater from semiconductor fabrication, Journal of Hazardous Materials 108(2004)103-109.

[120] C. Fabiani, M. Pizzichini, M. Spadoni, G. Zeddita. Treatment of waste water from silk degumming processes for protein recovery and water reuse, Desalination, 105(1996)1-9.

[121] C. Allègre, P. Moulin, M. Maisseu, F. Charbit, Savings and re-use of salts and water present in dye house effluents, Desalination, 162(2004)13-22.

[122] T. H. Kim, C. Park, S. Kim Water recycling from desalination and purification process of reactive dye manufacturing industry by combined membrane filtration, Journal of Cleaner Production, 13(2005)779-786.

[123] M. Into, A. S. Jönsson, G. Lengden, Reuse of industrial wastewater following treatment with reverse osmosis, J. Membr. Sci., 242(2004)21-25.

[124] A.D. Bhattacharyya, R. Adams, M. Williams, Separation of selected organic and inorganic solutes by low pressure reverse osmosis membranes, Prog. In Clin. Biol. Res., (Biol. Synth. Memb.), 292(1989)153,

[125] C. A. Allen, D. G. Cummings, R. R. Mc Caffrey, Separation of Cr ions from Co and Mn ions by poly[bis(trifluoroethoxy)phosphazene] membranes, J. Membr. Sci., 43(1989)217-228.

[126] W. Peng, I.C. Escobar, D.B. White, Effects of water chemistries and properties of membrane on the performance and fouling – a model development study, J. Membr. Sci., 238(2004)33-46.

[127] S.B. Sadr Ghayeni, P.J. Beatson, R.P. Schneider, A.G. Fane, Water reclamation from municipal wastewater using combined microfiltration-reverse osmosis (ME-RO): preliminary performance data and microbiological aspects of system operation, Desalination, 116(1998)65-80.

[128] A.A. McCarthy, P.K. Walsh, G. Foley, Experimental techniques for quantifying the cake mass, the cake and membrane resistances and the specific cake resistance during crossflow filtration of microbial suspensions, J. Membr. Sci., 201(2002)31-45.

[129] T. Murase, T. Ohn, K. Kimata, Filtrate flux in crossflow microfiltration of dilute suspension forming a highly compressible fouling layer, J. Membr. Sci., 108(1995)121-128.

[130] W. S. Opong, A.L. Zydney, Hydraulic permeability of protein layers deposited during ultrafiltration, Journal of Colloid and Interface Science, 142(1991)41-59.

[131] H.F. Shaalan, Development of fouling control strategies pertinent to nanofiltration membranes, Desalination 153(2002)125-131.

[132] D-M. Ledoux, « Procédé et dispositif de polarisation moléculaire dans l'eau », brevet canadien # CA2324374, 2000.

[133] S. Hong, M. Elimelech, « Chemical and physical aspects of natural organic matter (NOM) fouling of nanofiltration membranes », J. Membr. Sci. 132 (1997),

pp 159-181.

[134] J.A. Nilson, F.A. Digiano, Influence of NOM composition on nanofiltration, Journal of AWWA 88(1996)53-66.

[135] Ministère de du développement durable, de l'environnement et des parcs du Québec, « Guide de conception des installations de production d'eau potable, Volume 2, Chapitre 9 », Québec, 2002.

[136] J. Rodier, L'analyse de l'eau : Eaux naturelles, eaux résiduaires, eau de mer, 8ème édition, Dunod (1996).

[137] M. del Mar de la Fuente Garcia-Soto, E. Munoz Camacho, Desalination, 181(2005)207-216.

[138] J. Rodier, "L'analyse de l'eau", Tome I, 5ème édition, Dunod, Paris, 1975

[139] H. Matsuo, Y. Miyzaki, S. Matsuoka, H. Sakashita, K. Yoshimura, Polyhodron, 23(2004)955-961.

[140] G. Alarcon-Angeles, S. Corona-Avendano, A. Rojas-Hernandez, M.A. Romero-Romo, M. T. Ramirez-Silva, Spectrochimica Acta Part, 61(2005)313-319.

[141] A Maurel, Osmose inverse, nanofiltration, microfiltration tangentielle. Considérations théoriques. J2790, traité génie des procédés, vol. J211 (1993).

[142] E. A. Grulke, Solubility parameters values, Polymer Handbook, J. Brandrup et E. H. Immergut éds. John Wiley and Sons (1989).

[143] V. Van der Bruggen, J. Schaep, D. Wilms, C. Vandecasteele, Influence of molecular size, polarity and charge on the retention of organic molecules by nanofiltration, J. Membr. Sci., 156(1999)29-41.

[144] X. Jian, Y. Dai, G. He, G. Chen, Preparation of UF and NF poly (phthalazine ether sulfone ketone) membranes for high temperature application, J. Membr. Sci., 161(1999)185-191.

[145] J. A. Whu, B. C. Baltzik, K. K. Sirkar, Modeling of nanofiltration - assisted organic synthesis, J. Membr. Sci. 163(1999)319-331.

[146] S. H. Chern, D. J. Chang, M. R. Liou, S. C. Hsu, S. Lin, Preparation and separation properties of polyamide nanofiltration membrane, J. Appl. Polym. Sci., 83(2002)1112-1118.

[147] K. Mehiguence, G. Garba, S. Taha, N. Gondrexon, G. Dorange, Influence of operating conditions on the retention of copper and cadmium in aqueous solutions by nanofiltration: experimental results and modelling, Sep. Purif. Technol., 15(1999)181-187.

[148] A. E. Childress, S. S. Desmukh, Effects of humic substances and anionic surfactants on the surface charge and performance of reverse osmosis membranes, Desalination, 118(1998)167-174.

[149] S. S. Desmukh, A. E. Childress, Zeta potential of commercial RO membranes: influence of source water type and chemistry, Desalination, 140(2001)87-95.

[150] M. Ardhaoui, H. Cherichi, S. Ognier, M. Ghoul, Caractérisation des propriétés de surface des membranes de nanofiltration: développement d'un outil d'aide à la décision, Récents Progrès en Génie des Procédés 90 (SFGP 2003, St Nazaire): (2003)32-39.

[151] A. I. Schäfer, A. Pihlajamäki, A. G. Fane, T. D. Waite, M. Nyström, Natural organic matter removal by nanofiltration: effects of solution chemistry on retention of low molar mass acids versus bulk organic matter, J. Membr. Sci. 242(2004)73-85.

[152] C. Bellona, J. E. Drewes, The role of membrane surface charge and solute physico-chemical properties in the rejection of organic acids by NF membranes, J. Membr. Sci. 249(2005)227-234.

[153] J. M. M. Peeters, J.P. Boom, M. H. V. Mulder, H. Strahman, Retention measurements of nanofiltration membranes with electrolyte solution, J. Membr. Sci., 145(1998)199-209.

[154] P. Aimar, Filtration membranaire (OI, NF, UF), mise en œuvre et performance, Technique de l'ingénieur, J2793 (2006)9.

[155] A. Hafiane, D. Lemordant and M. Dhahbi, Removal of hexavalent chronium by nanofiltration, Desalination, 130(2000)305-312.

[156] C. Causserand, Filtration membranaire (OI, NF, UF). Caractérisation des membranes, Technique de l'ingénieur, J2792 (2006)10.

[157] A. Lhassani, M. Rumeau, D. Benjelloun, Interpretation attempt of transfer mechanism of salts in nanofiltration, Tribune de l'eau, 53(2000)100-107.

[158] T. Bilstad, Nitrogen separation from domestic wastewater by reverse osmosis, J. Membr. Sci., 102(1995)93-102.

[159] S. H. Lin, C. R. Yang, Chemical and physical pretreatment of chemical mechanical polishing wastewater from semiconductor fabrication, Journal of Hazardous Materials, 108(2004)103-109.

[160] S. Sridhar, A. Kale, A. A. Khan, Reverse osmosis of edible vegetable oil industry effluent, J. Membr. Sci., 205(2002)83-90.

[161] M. Clever, F. Jordt, R. Knauf, N. Räbiger, M. Rüdebusch, R. Hilker-Scheibel, Process water production from river by ultrafiltration and reverse osmosis, Desalination, 131(2000)325-326.

[162] I. Koyuncu, An advanced treatment of high strength opium alkaloid processing industry wastewaters with membrane technology: pretreatment, fouling and retention characteristics of membranes, Desalination, 155(2003)265-275.

[163] V. Mavrov, E. Bélières, Reduction of consumption and wastewater quantities in the food industry by water recycling using membrane processes, Desalination, 131(2000)75-86.

[164] A. Noworyta, T. Koziol, A. Trusek-Holownia, A system for cleaning condensates containing ammonium nitrate by the reverse osmosis method, Desalination, 156(2003)397-402.

[165] S. Z. Li, X. Y. Li, D. Z. Wang, Membrane (RO-UF) filtration for antibiotic wastewater treatment and recovery of antibiotics, Separation and Purification Technology, 34(2004)109-114.

[166] R. Borsani, M. Fazio, B. Ferrando, Industrial water production by utilization of reverse osmosis and an evaporation plant, Desalination, 108(1996)231-245.

[167] J. M. Wong, Testing and implementation of an advanced wastewater reclamation and recycling system in a major petrochemical plant, Water Science and Technology, 45(2000)23-27.

[168] E. R. Cornelissen, P. Sijbers, H. Van den Berkmortel, J. Koning, A. De Wit, F. De Nil, J. F. Van Impe, Reuse of leachate waste-water using MEMBIOR technology and reverse osmosis, Membrane Technology, 2001(2001)6-9.

[169] A. G. Gotor, S. O. Perez Baez, C. A. Espinoza, S. I. Bachir, Membrane processes for the recovery and reuse of wastewater in agriculture, Desalination, 137(2001)187-192.

[170] G.L. Leslie, W.R. Mills, W.R. Dunivin, M.P. Wehner, R.G. Sudak, Proc. AWWA, Water Reuse Conference, Lake Buena Vista, Florida, 1998.

[171] R. Truby, Water & Wastewater International, 15(2000).

[172] E. Drioli, A. Criscuoli, E. Curcio, Integrated membrane operations for seawater desalination, Desalination, 147(2002)77-81.

[173] U. S. Environmental Protection Agency, Health effects assessment for boron and compounds, Environmental Criteria and Assessment Office, 1987.

[174] N. L. Durocher, A literature review prepared under Contract No.PH 22-68-25, Public Health Service, National Air Pollution Control Administration, U.S. Department of Health, Education and Welfare, Raleigh, NC, October 1969.

[175] L. Maya, Identification of polyborate and fluoropolyborate ions in solution by Raman spectroscopy, Inorg. Chem., 15(1976)2179-2184.

[176] J. A. Gast, T. G. Thompson, Evaporation of boric acidfrom seawater, Tellus, 11(1959)344-347.

[177] J. D. Gassaway, New method for boron determination in sea water and some preliminary results, Int. J. Oceanol, Limnol., 1(1967)85-90.

[178] R. G. Severson, L. P. Gouch, Boron in mine soils and rehabilitation plant species at selected surface coal mines in western United States, J. Environ. Qual., 12: 142 (1983).J. Environ. Qual.,12(1983)142.

[179] M. Nishimura, K. Tanaka, Sea water may not be a source of boron in the atmosphere, J. Geophys. Res., 77(1972)5239.

[180] Weed Science Society of America. Herbicide handbook. 5e édition, 59, 1983.

[181] A. Michel, J. Bénard, "Chimie minérale" cours de chimie, chap3, 286-289, Paris 1964.

[182] H. Polat, A. Vengoshb, I. Pankratovb, M. Polat, Desalination, 164(2004)173-188.

[183] L. Melnyk, V. Goncharuk, I. Butnyk, E. Tsapiuk, Desalination, 185(2005)147-157.

[184] N. Kabay, I. Yilmaz, S. Yamac , M. Yuksel, U. Yuksel, N. Yildirim, O. Aydogdu, T. Iwanaga, K. Hirowatari, Desalination, 167(2004)427-483.

[185] J. Emsley, "Les éléments chimiques", 38-39, Paris 1993.

[186] W. L. Jolly, "Chimie des éléments non métalliques", 159-174, Paris 1967.

[187] M. Bernard, "Cours de chimie minérale", 2^{ème}édition, Dunod, 273-275, Paris 1994.

[188] M. Rodriguez Pastor, A. Ferrhndiz Ruiz, M. F. Chillon, D. Prats Rico, Desalination, 140(2001)145-152.

[189] G. Charlot "Dosage absorptiométriques des éléments minéraux",3ème édition, 186, Masson Paris New York, 1978.

[190] E. Koller, "Génie chimique" 2ème édition, chap.18, Paris 2001-2005.

[191] P. Dydo, M. Türek, J. Ciba, J. Trojanowska, J. Kluazka, Boron removal from landfill leachate by means of nanofiltration and reverse osmosis, Desalination 185 (2005) 131–137.

[192] "Mémento technique de l'eau" 8ème édition, Degrément, 363, 1978.

[193] American Water Works Association Research Foundation, Lyonnaise des Eaux, Water Research Commission of South Africa, Tratamiento dcl agua por procesos de membrana. Principios, procesos y aplicaciones, McGraw Hill, 1998.

[194] Y. Magara, A. Tabata, M. Kohki, M. Kawasaki, M. Hirose, Development of boron reduction system for sea water desalination, Desalination 118 (1998) 25–33.

[195] P. Glueckstem, M. Priel, Optimization of boron removal in old and new SWFCO systems, Desalination, 156 (2003) 219–228.

[196] Y. Cengeloglu, G. Arslan, A. Tor, I. Kocak, N. Dursun, Removal of boron from water by using reverse osmosis, Sep. Purif. Tech. 64 (2008)141–146.

[197] L. B. Banasiak, A.I. Schäfer, Removal of boron, fluoride and nitrate by electriodialysis in the presence of organic matter, J. Member. Sci., 334(2009)101-109.

[198] H. Koseoglu, N. Kabay, M. Yuksel, M. Kitis, The removal of boron from model solutions and seawater using reverse osmosis membranes, Desalination 223 (2008) 126–133.

[199] I. Sutzkover, D. Hasson, R. Semiat, Simple technique for measuring the concentration polarization level in a reverse osmosis system, Desalination 131 (2000) 117–127.

[200] D. Prats, M.F. Chillon-Arias, R.M. Pastor, Analysis of the influence ofpHand pressure on the elimination of boron in reverse osmosis, Desalination 128 (2000) 269–273.

[201] M. Pontié, J. C. Schrotter, A. Lhassani, C. K. Diawara, Traitement des eaux destinées à la consommation humaine : élimination domestique et industrielle du fluor en excès, l'actualité chimique, n°301-302(2006) p2-8.

[202] N. S. Rao, The occurence and behavior of fluoride in the groundwater of the Lower Vamsadhara River Basin, India, Hydrological Sciences Journal, 42(1997)877-892.

[203] E. G. Coker, R. D. Davis, Agricultural and environmental aspects of fluoride in sewage sludge, Water Res. Topics 1(1981)2 1 1-220.

[204] M. Pontié, M. Rumeau, M. Ndiaye, C. M. Diop, Sur le problème de la fluorose au Sénégal : bilan des connaissances et présentation d'une nouvelle méthode de défluoruration des eaux de boisson, Cahiers Santé, 6(1996)27.

[205] Memotec N°15 :L'élimination du fluor dans l'eau destinée à la consommation humaine, P.1-2, 01 Janvier 2006.

[206] Agence française de sécurité sanitaire des produits de santé, Mise au point sur le fluor et la prévention de la carie dentaire, 31 juillet 2002.

[207] H.T.Dean, Classification of mottled enamel diagnosis, J. Am. Dent. Assoc., 21(1934)1421.

[208] M. H. Sy, P. Sene, S. Diouf, Fluorose osseuse au niveau de la main, Société d'Édition de l'Association d'Enseignement Médical des Hôpitaux de Paris, 15(1996)109.

[209] A. Chrétien, L. Domange, J. Faucherre, M. Geloso, M. Haissinsky, P. Pascal, S. Tribalat, Nouveau traité de chimie minérale, Paris 1960.

[210] A.G. Fane, A.R. Awang, M.Bolko, R. Macoun, R. Scholfield, Y.R. Shen, F. Zaha, Metal recovery from wastewater using membranes, Water Sci. Tech. 25(1992)5-18

[211] C. Ratanatamskyl, K. Yamamoto, T. urase, S. Ohgaki, effect of operating conditions on rejection of anionic polluants in the water environment by nanofiltration especially in very low pressure range, Water Sci. Tech. 34(1996)149-156

[212] B. Tansel, J. Sager, B. Rector, J. Garland, R. F. Strayer, L. Levine, M. Roberts, M. Hummerick, J. Bauer, Significance of hydrated radius and hydration shells on ionic permeability during nanofiltration in dead end and cross flow modes, Sep. Purif. Technol. 51(2006)40-47.

[213] M.W. Washabaugh, K.D. Collins, The systematic characterization by aqueous column chromatography of solutes which affect protein stability, J. Biol. Chem., 261(1986)12477-12485.

[214] J. Havel, E. Högfeldt, Evaluation of water sorption equilibrium data on Dowex ion exchanger using WSLET-MINUIT program, Scripta Fac. Sci. Nat. Univ. Masaryk. Brun. Chem., 25(1995)73-84.

Oui, je veux morebooks!

i want morebooks!

Buy your books fast and straightforward online - at one of world's fastest growing online book stores! Environmentally sound due to Print-on-Demand technologies.

Buy your books online at
www.get-morebooks.com

Achetez vos livres en ligne, vite et bien, sur l'une des librairies en ligne les plus performantes au monde!
En protégeant nos ressources et notre environnement grâce à l'impression à la demande.

La librairie en ligne pour acheter plus vite
www.morebooks.fr

VDM Verlagsservicegesellschaft mbH
Heinrich-Böcking-Str. 6-8   Telefon: +49 681 3720 174   info@vdm-vsg.de
D - 66121 Saarbrücken   Telefax: +49 681 3720 1749   www.vdm-vsg.de

Printed by Books on Demand GmbH, Norderstedt / Germany